Die Tiden der Nordsee und ihre Veränderungen

Die Tiden der Nordsee und ihre Veränderungen

Leon Jänicke · Robert Lepper

Die Tiden der Nordsee und ihre Veränderungen

Eine Übersicht mit Fokus auf die Deutsche Nordseeküste

Leon Jänicke ⓘ
IU Internationale Hochschule
Erfurt, Deutschland

Robert Lepper
BAW Bundesanstalt für Wasserbau
Hamburg, Deutschland

ISBN 978-3-658-48859-8   ISBN 978-3-658-48860-4   (eBook)
https://doi.org/10.1007/978-3-658-48860-4

Die Deutsche Nationalbibliothek verzeichnet diese Publikation in der Deutschen Nationalbibliografie; detaillierte bibliografische Daten sind im Internet über https://portal.dnb.de abrufbar.

Planung/Lektorat: Daniel Fröhlich
Springer Vieweg ist ein Imprint der eingetragenen Gesellschaft Springer Fachmedien Wiesbaden GmbH und ist ein Teil von Springer Nature.
Die Anschrift der Gesellschaft ist: Abraham-Lincoln-Str. 46, 65189 Wiesbaden, Germany

Wenn Sie dieses Produkt entsorgen, geben Sie das Papier bitte zum Recycling.

Vorwort

Dieses Buch richtet sich an alle, die sich mit den Gezeiten der Nordsee näher beschäftigen möchten – ob im Studium, im Berufsalltag oder einfach aus Interesse an den natürlichen Prozessen an der Küste. Das Buch eignet sich sowohl für Einsteigerinnen und Einsteiger in den Bereichen Geowissenschaften, Ozeanographie, Küsteningenieurwesen oder Umweltplanung als auch für Fachleute, die sich vertieft mit Küstenschutz, Tidedynamik oder Morphologie auseinandersetzen. Wir bieten einen verständlichen Zugang zu einem komplexen, aber hochaktuellen Thema.

Zugleich ist uns bewusst Wissenschaft ist niemals das Werk Einzelner. Alle Erkenntnisse, auf denen dieses Buch aufbaut, sind das Ergebnis jahrzehnte- bis jahrhundertelanger, internationaler Forschungsarbeit. Viele bekannte und weniger bekannte Wissenschaftlerinnen und Wissenschaftler haben durch Daten, Modelle, Theorien und Diskussionen zu unserem heutigen Wissen beigetragen. Insbesondere ist es uns wichtig zu betonen, wie sorgfältig und methodisch in der Forschung gearbeitet wird, um unsere Welt zu verstehen und Zusammenhänge sowohl im Kleinen als auch im Großen herzustellen. Wissenschaftliche Erkenntnisse beruhen dabei auf systematischen Messungen, Beobachtungen und Auswertungen. Dabei gilt es, zwischen überprüfbaren Fakten und persönlichen Meinungen zu unterscheiden: Fakten lassen sich durch nachvollziehbare Methoden und Daten belegen, während Meinungen individuelle Bewertungen oder Einschätzungen darstellen. Ziel wissenschaftlicher Arbeit ist es, unser Wissen auf einer verlässlichen Grundlage kontinuierlich zu erweitern und zu präzisieren.

Wir nennen im Buch zwar eine Vielzahl von Quellen, sind uns jedoch bewusst, dass wir nicht alle würdigen konnten, die mit ihrer Arbeit den Boden für dieses Werk bereitet haben. Ihnen allen gilt unser aufrichtiger Dank. Ein besonderer Dank richtet sich an die Bundesanstalt für Wasserbau (BAW), als eine der zentralen Ressortforschungseinrichtungen des Bundes für Fragen rund um Wasserbau, Geotechnik, Küstenschutz und Schifffahrt. Nicht nur basieren viele der enthaltenen Inhalte auf ihren langjährigen wissenschaftlichen Arbeiten – die BAW hat dieses Buch auch durch die kostenfreie Bereitstellung von hervorragendem Bildmaterial maßgeblich unterstützt.

Vor diesem Hintergrund ist es uns als Wissenschaftler und langjährige Beobachter der Prozesse in der Nordsee ein zentrales Anliegen, das vorhandene Wissen nicht nur in Fachkreisen weiterzugeben, sondern auch einem breiten Publikum zugänglich zu machen. Die Tide und ihre Veränderung betrifft uns alle, sei es durch Hochwasserschutz, Küstenschutz, Schifffahrt, Energiegewinnung oder schlicht beim Spaziergang durchs Watt.

Wir laden Sie daher ein, mit diesem Buch die Nordsee nicht nur zu sehen, sondern sie zu verstehen. Denn nur wer versteht, kann bewahren, gestalten und staunen. In diesem Werk möchten wir den Leser auf eine Reise mitnehmen: von den Grundlagen der Gezeitenentstehung über die besonderen Eigenschaften der Nordsee bis hin zu den schon messbaren Veränderungen der Gezeiten und der Morphologie. Der Fokus liegt dabei auf der Tidedynamik, also dem zeitlichen und räumlichen Verhalten der Tide, und auf ihrer Veränderung im Zuge von Klimawandel, Küstenschutz und menschlicher Nutzung.

Wir wünschen Ihnen eine erkenntnisreiche Lektüre und neue Perspektiven auf das dynamische System Nordsee.

Leon Jänicke
Robert Lepper

Interessenkonflikt Die Autor*innen haben keine für den Inhalt dieses Manuskripts relevanten Interessenkonflikte.

Inhaltsverzeichnis

Einleitung 1

Die Nordsee ist ein raues, aber faszinierendes Randmeer Europas und mehr als nur ein Schauplatz für Wind, Wellen und Watt. Sie ist ein hochdynamisches System, geprägt von der Kraft der Gezeiten, von Strömungen, von Stoff- und Sedimenttransport, von Eingriffen des Menschen und dem fortschreitenden Klimawandel. Ihre Gezeiten (die Tiden) bestimmen den Rhythmus des Lebens an ihren Ufern, prägen die Küste, beeinflussen den Schiffsverkehr und fordern den Küstenschutz seit Jahrhunderten heraus. Kaum eine andere Küstenregion Europas vereint eine derart ausgeprägte Dynamik auf so engem Raum mit einer ebenso traditionellen wie intensiven Bewirtschaftung des Meeres durch den Menschen. Die anthropogene Nutzung des Meeres, beispielsweise durch den internationalen Warenverkehr auf den Seeschifffahrtsstraßen oder die Einrichtung bzw. den Betrieb von Offshore-Windparks, erfordert Kompromisse zwischen Bewirtschaftung und Naturschutz. Hervorzuheben ist der weltweit einzigartige Nationalpark Wattenmeer an der niederländischen, deutschen und dänischen Nordseeküste, der seit 2009 als UNESCO-Weltnaturerbe aufgrund seiner bemerkenswerten Artenvielfalt und -zusammensetzung, als Brut- und Rastplatz für mehr als 10 Mio. Zugvögel und als eine der letzten weitgehend ursprünglichen Landschaften Europas geschützt wird (Abb. 1.1).

Dieses Buch widmet sich den vielseitigen und einzigartigen Tiden der Nordsee. Gezeiten erscheinen auf den ersten Blick als simples Naturphänomen: Flut kommt, Ebbe geht und das Leben geht weiter. Wer genauer hinschaut, erkennt in der Tidedynamik ein System von beeindruckender Komplexität und zahlreichen Interaktionen. Die astronomisch verursachten Gezeitenkräfte von Mond und Sonne bilden zwar einen übergeordneten, stetigen Taktgeber, doch ihre reale Ausprägung in der Nordsee ist untrennbar mit der Topografie des Nordseebeckens, der Morphologie des Meeresbodens und den zahlreichen

© Der/die Autor(en), exklusiv lizenziert an Springer Fachmedien Wiesbaden GmbH, ein Teil von Springer Nature 2025
L. Jänicke und R. Lepper, *Die Tiden der Nordsee und ihre Veränderungen,*
https://doi.org/10.1007/978-3-658-48860-4_1

1

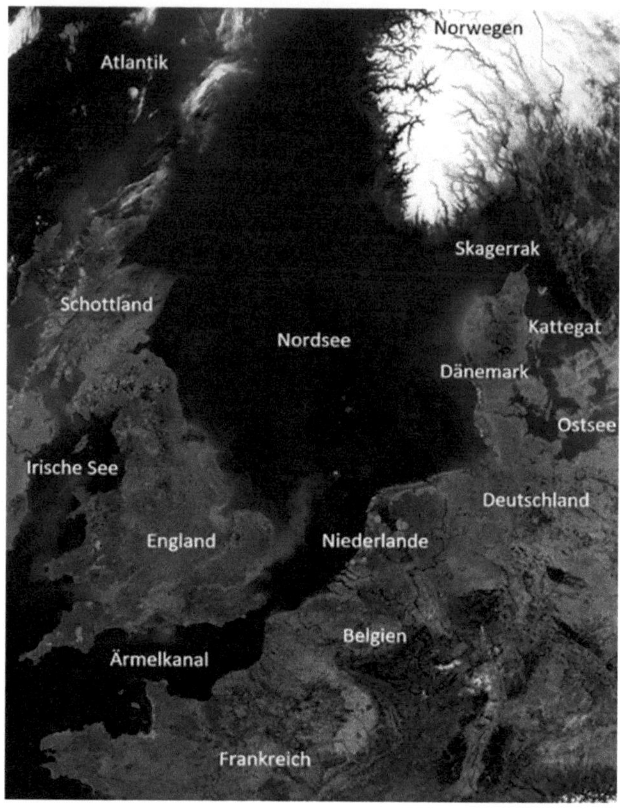

Abb. 1.1 Satellitenbild der Nordsee mit den Anrainerstaaten, abgeändert nach https://commons.wikimedia.org/wiki/File:NASA_NorthSea1_2.jpg?uselang=de# Lizenz (gemeinfrei)

menschlichen Eingriffen verbunden. Die Summe an Wechselwirkungen und astronomischen Kräften formt ein Gezeitenregime, das in seiner Vielfalt auf so engem Raum weltweit einzigartig ist.

Einen entscheidenden Einfluss auf dieses System bildet der globale Anstieg des mittleren Meeresspiegels. Ein Überblick über die zukünftige Entwicklung des globalen Meeresspiegelanstiegs der NASA auf Grundlage der Weltklimaprognose des IPCC ist in Abb. 1.2 dargestellt.

Dabei sind die Veränderungen bereits heute eindeutig messbar: An zahlreichen Tidepegeln der Deutschen Bucht in der Nordsee zeigt sich innerhalb weniger Jahrzente ein deutlicher Anstieg des mittleren Tidehubs im Dezimeterbereich. Gleichzeitig hat sich in vielen Bereichen die Flutdauer gegenüber der Ebbedauer verändert, was auf eine neue Dynamik der Tiden und der Flutströmung hinweist. Auch morphologisch befindet sich das Nordseebecken im Wandel, weil Wattflächen verlanden oder verschlicken, Rinnen sich verlagern, Barriereinseln wandern, und Ästuare sich unter dem Einfluss von anthropogenem Sedimentmanagement, Deichbau und Meeresspiegelanstieg anpassen. Orte wie die Außenems, das Elbeästuar oder das Wattenmeer vor Schleswig–Holstein zeigen eindrucksvoll, wie das Gleichgewicht von Sedimentation und Erosion ins Wanken gerät. Mit zunehmendem Klimawandel, steigendem Meeresspiegel und anhaltender Nutzung

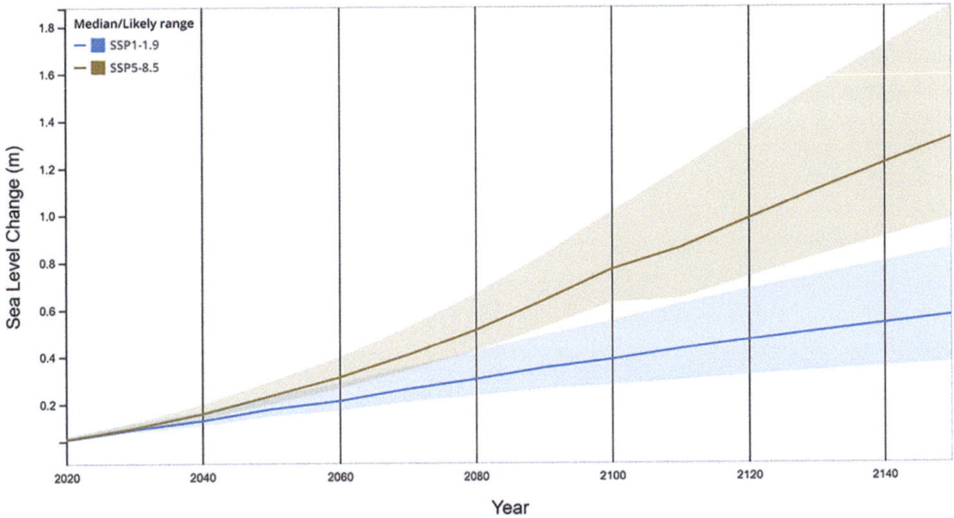

Abb. 1.2 Mögliche Szenarien (SSP, Shared Socioeconomic Pathways) des IPCC zur Veränderung des globalen mittleren Meeresspiegels. Grob umschrieben entspricht SSP5-8.5 einem fossilen Worst-Case-Szenario. Gegenteilig dazu ist SSP1-1.9 ein Best-Case-Szenario mit sehr optimistischen Annahmen zum Klimaschutz (WEB1 2025)

durch Schifffahrt, Hafenwirtschaft, Küstenschutz und Energiegewinnung rückt das System Nordsee immer stärker in den Fokus der Forschung. Die Frage, wie sich Tiden verändern, ist dabei nicht nur akademisch. Sie betrifft den Alltag in den Küstengemeinden, die Sicherheit der Deiche, die Planbarkeit von Verkehrswegen und nicht zuletzt das fragile ökologische Gleichgewicht des Weltnaturerbes Wattenmeer.

Als Wissenschaftler und langjährige Beobachter der Prozesse in der Nordsee ist es uns ein Anliegen, dieses Wissen nicht nur in Fachkreisen, sondern auch einem breiteren Publikum zugänglich zu machen. Die Tide und ihre Veränderung betrifft uns alle, sowohl durch den Hochwasserschutz, die Schifffahrt, die Energiewirtschaft als auch schlicht durch einen Spaziergang im Watt. Wir laden Sie herzlich ein, mit diesem Buch die Nordsee nicht nur zu sehen, sondern sie zu verstehen. Denn nur wer versteht, kann bewahren, gestalten und staunen. In diesem Werk möchten wir den Leser daher auf eine Reise mitnehmen: Von den Grundlagen der Gezeitenentstehung über die besonderen Eigenschaften der Nordsee bis hin zu den schon messbaren Veränderungen der Gezeiten und Morphologie. Der Fokus liegt dabei auf dem zeitlichen und räumlichen Verhalten der Tide und auf ihrer Veränderung im Zuge von Klimawandel, Küstenschutz und menschlicher Nutzung.

Literatur

WEB1: Projected Sea Level Rise Under Different SSP Scenarios. https://sealevel.nasa.gov/ipcc-ar6-sea-level-projection-tool?type=global. Accessed 19. Mai 2025.

Das Schelfmeer Nordsee und das Wattenmeer

2

Inhaltsverzeichnis

Der Begriff „Meer" bezeichnet die miteinander verbundenen Gewässer der Erde, die in ihrer Gesamtheit auch als „Weltmeer" zusammengefasst werden. Aufgrund ihrer Größe werden besonders große geografische Abschnitte des Weltmeeres auch als Ozeane bezeichnet, wobei verschiedene Definitionen parallel bestehen. Das 4-Ozeane-Modell umfasst beispielsweise den Atlantischen, den Indischen, den Pazifischen und den Arktischen Ozean, im 3-Ozeane-Modell dagegen werden arktischer und atlantischer Ozean zum Atlantik zusammengefasst. Im Gegensatz zu diesen großen geografischen Abschnitten werden kleinere geografische Abschnitte, welche räumlich unvollständig vom freien Ozean getrennt liegen, häufig als Randmeere bezeichnet. Für den Atlantischen Ozean sind es beispielsweise die Nordsee oder auch die Irische See, allerdings können auch kleinere Bereiche wie der Ärmelkanal damit gemeint sein. Gewässer, die selbst nur eine sehr kleine Verbindung zu den Ozeanen besitzen, wie zum Beispiel die Ostsee, werden dagegen als Binnenmeere bezeichnet. Eine wichtige Eigenschaft kleinerer Rand- und Binnenmeere ist ihre nur sehr gering ausgeprägte eigene Tide. Die Eigentide der Nordsee ist beispielsweise nahezu vollständig von der Tide des Nordatlantiks überlagert. Eine besondere Unterkategorie der Randmeere bilden die Schelfmeere. Ein Schelfmeer, gelegentlich auch Flachsee genannt, ist im Allgemeinen ein seeseitiger Randbereich der Kontinente

L. Jänicke und R. Lepper, *Die Tiden der Nordsee und ihre Veränderungen*,
https://doi.org/10.1007/978-3-658-48860-4_2

bis zu einer Tiefe von etwa 200 m, der sich bis zum wesentlich tieferen Kontinental-
hang erstreckt. Schelfmeere sind damit besonders flach und im weitesten Sinne mit einem
Unterwasser-Hochplateau vergleichbar.

Die Nordsee ist mit einer Größe von etwa 575.300 km^2 (Huthnance, 1991) eines
der größten Schelf- oder Flachmeere weltweit. Betrachtet man die Ränder des Nordseebeckens, bestehen zwei Verbindungen zu ihrem Hauptmeer, dem Atlantik, sowie eine
Verbindung zu einem Binnenmeer, der Ostsee. Im Norden besteht zwischen Schottland
im Westen und Norwegen im Osten eine große Öffnung, welche die Nordsee mit dem
Nordatlantik verbindet. Im Südwesten ist die Nordsee durch den Ärmelkanal mit dem
Nordatlantik verbunden. Diese beiden Verbindungen spielen für die Tidedynamik der
Nordsee eine entscheidende Rolle, da somit die Tidewelle des Nordatlantiks in das Nord-
seebecken einlaufen kann, wie in Kap. 3 näher erläutert wird. Außerdem besteht im
Osten eine Verbindung zur Ostsee über Skagerrak und Kattegat, die Meerengen zwischen
Dänemark und Schweden darstellen. Die genauen Ausmaße der Nordsee sind je nach
Betrachtungsweise leicht abweichend, Skagerrak und Kattegat werden jedoch in den meis-
ten Fällen zur Ostsee gezählt, sodass Schweden kein direkter Anrainerstaat der Nordsee
ist. Die direkten Anrainerstaaten umfassen die Küstenstaaten Großbritannien, Frankreich,
Belgien, Niederlande, Deutschland, Dänemark und (Süd-)Norwegen. Das Wassereinzugs-
gebiet der Nordsee ist mit etwa 842.000 km^2 nochmals deutlich größer als die reine
Wasserfläche (WEB1). Da viele der großen europäischen Flüsse in die Nordsee mün-
den, gehören weitere Länder zum Einzugsgebiet der Nordsee, die selbst jedoch keine
direkten Anrainer sind. So fließt beispielsweise die Elbe als zentral- bzw. osteuropäischer
Fluss im Gegensatz zu Oder und Weichsel (Ostsee) ebenfalls in die Nordsee und damit
zählen streng genommen auch Binnenstaaten wie die Tschechische Republik zum Einzugsgebiet der Nordsee. Dasselbe gilt beispielsweise für die Schweiz und Luxemburg als
Anrainerstaaten des Rheins.

Die Nordseeregion liegt inmitten des ökonomischen Zentrums Europas und hat durch
die zentraleuropäische Lage bzw. die hohe Produktivität in dieser Region eine enorme
wirtschaftliche Bedeutung. Alle Anrainerstaaten haben maritime ausschließliche Wirt-
schaftszonen (AWZ) definiert und so das Seegebiet unter sich aufgeteilt. Beispielhafte
Nutzungen der AWZ sind Fischerei oder Offshore-Windenergie, aber auch dem nationa-
len und internationalen Güterverkehr kommt eine hohe Bedeutung zu. Zudem werden in
der Nordsee Erdgas und Erdöl gewonnen. Nachfolgende Ausführungen stützen sich auf
die Aufbereitung näherer europäischer Geschichte von Blouet (2018).

Das Rückgrat europäischer Industrie entlang der Nordseeküste bilden die Metallpro-
duktion, Schiffswerften, Ölraffinerien, oder die Chemieindustrie. In Frankreich finden
sich die Industrieschwerpunkte beispielsweise bei Dunkerque (Dünkirchen) und Calais,
in Belgien nahe des Hafens von Antwerpen, oder in Deutschland in der Elbe- und
Wesermündung. Bedeutende Häfen sind (geordnet nach Güterumschlag 2022, lt. Sta-
tista, abgerufen am 24.10.2024) Rotterdam (14,5 Mio. TEU), Antwerpen (13,5 Mio.

TEU), Hamburg (8,3 Mio. TEU) und Bremerhaven (4,6 Mio. TEU). Über Nordseehäfen werden rund 90 % des europäischen Exports an Drittstaaten und 35 % des Exports innerhalb der EU umgeschlagen (OSPAR, 2010). Im Vergleich dazu schlugen die größten Häfen weltweit im Jahr 2022 rund 47,3 Mio. TEU (Shanghai, China), 37,3 Mio. TEU (Singapur) bzw. 33,4 Mio. TEU (Ningbo-Zhoushan, China) um. Amerikanische Häfen schlagen rund 9,9 Mio. TEU (Los Angeles), 9,5 Mio. TEU (New York) oder 9,1 Mio. TEU (Long Beach) um (Angaben aus Lloyd's List „One Hundred Ports" 2022). Aus dem enormen Güterumschlag in der Nordsee resultiert, dass die Schiffsrouten, beispielsweise durch die Dover-Calais-Meerenge im Ärmelkanal, zu den am stärksten frequentierten Seeschifffahrtsstraßen der Welt gehören. In Zahlen schätzte die OSPAR („Convention for the Protection of the Marine Environment of the North-East Atlantic"), ein Zusammenschluss von 15 Staaten sowie der europäischen Kommission, 280.000 Durchfahrten pro Jahr bzw. 900 bis 1200 Containerschiffe gleichzeitig zu jedweder Zeit. Diese Zahl ist mit steigendem Güterumschlag weiterhin zunehmend (OSPAR 2010, 2023).

Die Wassertiefe in der Nordsee beträgt im Durchschnitt rund 90 m, variiert jedoch stark und nimmt vereinfachend nach Norden zu (Abb. 2.1). Allgemein sind in der südlichen Nordsee Tiefen von unter 40 m häufig anzutreffen, wobei die Deutsche Bucht in der Tendenz sogar noch etwas flacher ist. In Richtung der Norwegischen Rinne und der Einmündung in den Atlantik im Nordwesten, d. h. zum Ende des Kontinentalschelfs hin, nimmt die Wassertiefe auf über 300 m zu, wobei hier die in der Literatur angegeben Werte variieren und auch größere Tiefen möglich sind. Östlich von Großbritannien existieren ebenfalls ausgedehnte Flachwasserregionen, die als Doggerbank bekannt sind und deren westlicher Teil sich bis zu den Küsten von Norfolk und Suffolk erstreckt (Quante & Colijn, 2016).

Die Nordsee entstand vor ca. 260 Mio. Jahren als Senke zwischen zwei massiven Gebirgsketten in der Nähe des Äquators (Ziegler, 1990). Tektonische Plattenbewegungen, klimatische Ereignisse und disruptive Ereignisse der Erdgeschichte formten und bewegten die ursprüngliche Nordsee bis vor ca. 2,6 Mio. Jahren aus der subtropischen Klimazone in ihre heutige nördliche Lage. Seitdem haben extreme Ereignisse wie beispielsweise ein Meeresspiegelanstieg und -abfall von mehreren hundert Metern, komplettes Trockenfallen, oder Eiszeiten mit massiver Gletscherbildung die Nordsee weiter geformt (Ehlers, 1983; Ehlers et al., 2011). Im gegenwärtigen Erdzeitalter (Holozän) führten ansteigende Temperaturen und der Meeresspiegelanstieg zu vergleichsweise kleinen Veränderungen, wie beispielsweise die Bildung des Ärmelkanals. Auch der Untergang des Doggerlandes, heute dementsprechend als Untiefe Doggerbank bekannt, fand vermutlich vor ca. 8.000 Jahren statt (Vink et al., 2007). Das Doggerland war zuletzt eine große, stark bewaldete Insel. Heutzutage ist sie, im Vergleich zu ihrer Umgebung, eine oval geformte, große Untiefe mit Tiefen von ca. 20 m und wird westlich durch ein Gebiet mit Tiefen um die 75 m („Silver Pit") begrenzt.

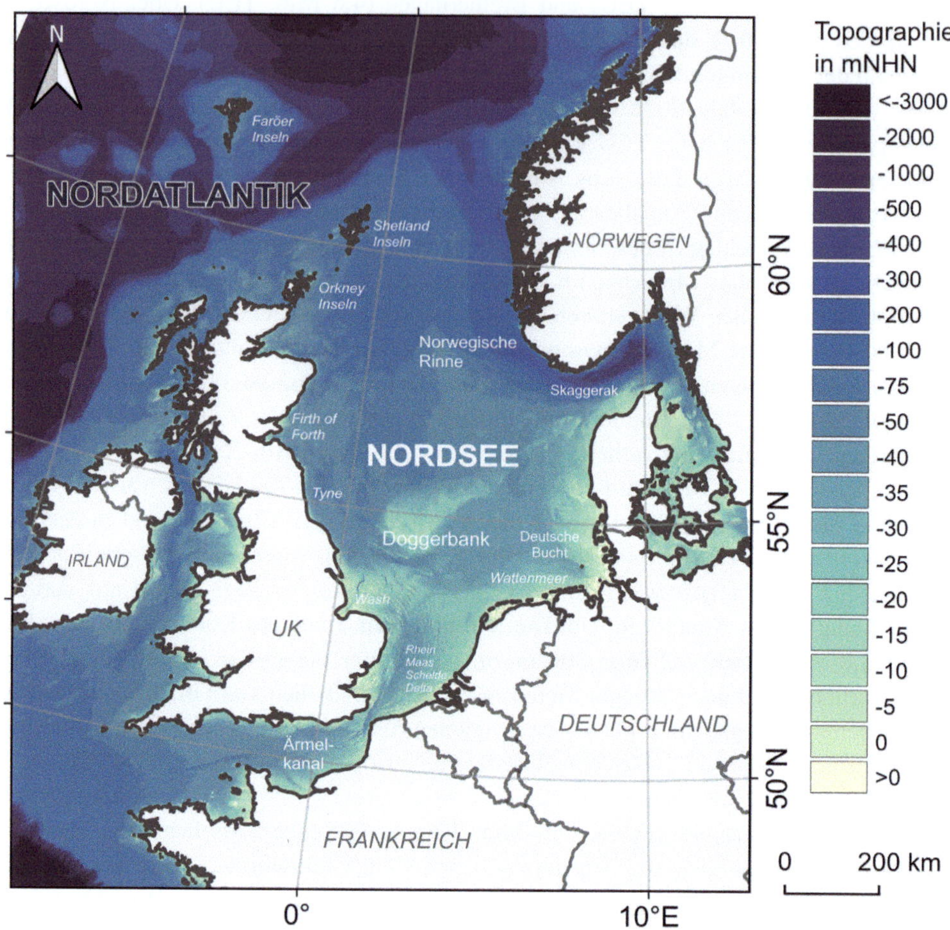

Abb. 2.1 Karte des Schelfmeers Nordsee auf dem nordwesteuropäischen kontinentalen Schelf. Tiefendaten entstammen dem europäischen EMODnet (2018). Farbige Bereiche entsprechen der topographischen Höhe und Graubereiche Land

2.1 Geomorphologie und Sedimentologie

Das Gewässerbett der Nordsee ist größtenteils sandig und wird lokal von steinigen Böden (beispielsweise im Ärmelkanal oder bei den Orkney Inseln) ergänzt. Große Ansammlungen von Feinsediment finden sich im Norden zwischen den Orkney Inseln und dem Skagerrak in einem Gebiet, das als „Flemish Banks" bekannt ist. Im Skagerrak selbst, in der zentralen Nordsee westlich von Dänemark, im Wattenmeer, in allen großen Flussmündungen und südlich von Helgoland („Helgoländer Schlicklinse") finden sich große Ablagerungen feinen Sediments.

Beginnt man die Betrachtung der Nordsee am nördlichen Schelfrand der Nordsee, nördlich von Schottland und westlich von Norwegen und folgt der Küstenlinie anschließend gegen den Uhrzeigersinn, gelangt man über die steinigen Bereiche im näheren Umfeld der Shetland und Orkney Inseln an das schottische Festland und erreicht das Moray-Firth-Ästuar. Die steinigen Inselformationen Färöer, Orkneys und Shetlands entstanden in Eiszeiten vor ca. 11.700 bis 12.700 Jahren, die große Mengen Geröll und Fels von Schottland und Norwegen in das Meer transportierten (Huthnance et al., 2016). Wassertiefen an der englischen Küste sind moderat und unterschreiten küstennah selten 25 m und küstenfern selten 60 m. Die britische Küste besteht aus steinigen Uferformationen bzw. Klippen und verändert sich südlich des Moray Firth kaum. Am Firth of Forth, dem Tyne-Ästuar oder am Humber besteht die englische Küste überwiegend aus kompakten Steilufern, die seit Jahrzehnten von Erosion und Abbrüchen betroffen sind. Die Erosion dieser Steilufer kann mehrere Meter pro Jahr betragen (Hurst et al. 2016; Mason und Hansom 1988). Englische Flussmündungen sind historisch bedingt stark befestigt und weisen nur noch wenige Merkmale natürlicher Flussmündungen auf. Im Mündungsbereich finden sich gelegentlich Strände, oder Watt- bzw. Salzmarschflächen. Beide, sowohl das Wash-Ästuar als auch das Ästuar der Themse, sind im Uferbereich eher schlickig und zeichnen sich durch große Salzmarsch- und Wattgebiete aus (Abb. 2.2). Die Küstenlinie zwischen beiden Punkten besteht erneut aus erodierenden Steilufern. Die engste Stelle des Ärmelkanals wird bei der Dover-Calais-Meerenge erreicht, wo tidebedingt hohe Strömungsgeschwindigkeiten für ein tiefes, grobsandiges bis steiniges Gewässerbett verantwortlich sind. Im gesamten nördlichen Ärmelkanal zeichnen sich massive Unterwasser-Sandbänke bzw. Dünen ab, die nahezu orthogonal zur Nord-Süd-Hauptströmung ausgerichtet sind. Manche dieser Strukturen stellen bei ungünstigen Tide- und Windbedingungen als Untiefe eine Herausforderung für die Schifffahrt der Region dar. Südlich der Dover-Calais-Meerenge befinden sich auf englischer Seite erneut Steilufer, Strände und Salzmarschgebiete. Auch die gegenüberliegende, französische Nordseeküste zeichnet sich durch Steilküsten, aber auch durch Salzmarschen und flache Uferbereiche, aus.

In nördlicher Richtung hin zum Rhein-Maas-Schelde-Delta, dessen Morphologie durch Sperrwerke, Hafenanlagen und anthropogene Unterhaltung im 20. und 21. Jahrhundert überprägt wurde, werden die Küsten zunehmend sandig und entsprechend von Sandstränden geprägt. Hinter dem Delta, nordöstlich des dünnen, sandigen Küstenstreifens, folgen Westfriesland und das UNESCO Weltnaturerbe Wattenmeer sowie die Deutsche Bucht (Abb. 2.3). Die Ufergestaltung verändert sich aufgrund des durch Deiche realisierten Küstenschutzes im Wattenmeer zwischen den Niederlanden und Dänemark kaum. Die Küste im Wattenmeer besteht aus Inseln, Barriereinseln, vorgelagerten Sänden, Wattflächen, Salzmarschen und Ästuaren. Barriereinseln sind der Küste vorgelagerte, häufig anthropogen gegen Erosion geschützte Inseln, die aus der Küste vorgelagerten Dünen, aus Sandbänken oder durch Ablösung vom Festland entstehen (Schwartz, 1971). Lücken zwischen den Barriereinseln sind durch tiefe, morphologisch aktive Rinnen (auch Gat)

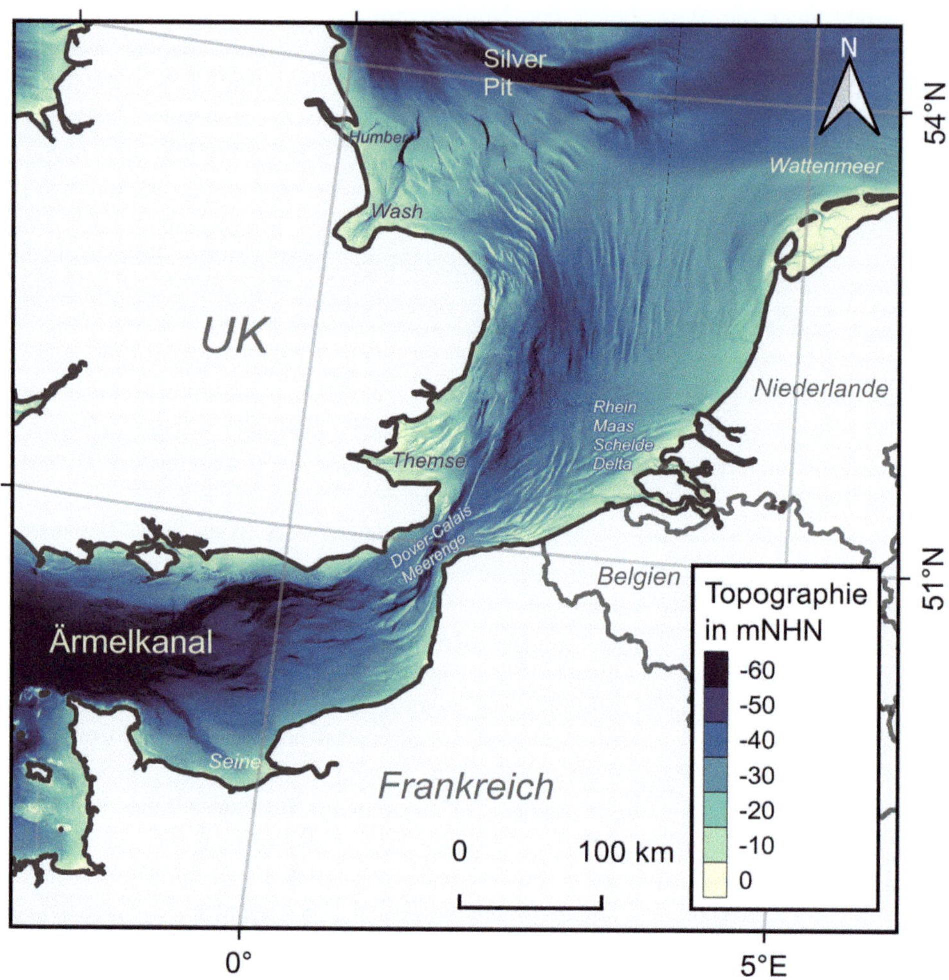

Abb. 2.2　Karte der südwestlichen Nordsee mit Fokus auf den Ärmelkanal. Tiefendaten entstammen dem europäischen EMODnet (2018)

gezeichnet, die aufgrund des Coriolis-Effekts auf der Nordhalbkugel entgegen des Uhrzeigersinns verschwenken. Die tiefsten Punkte dieser Rinnen sind trotz starker Tide- und Wellenkräfte häufig stabil, da nach Jahrhunderten lediglich kompaktierte, unerodierbare Ablagerungen vorherrschen, die morphologisch überwiegend stabil sind. Am seeseitigen Ende dieser Tiderinne befindet sich häufig ein flacher sandiger Bereich, der als Ebbdelta bezeichnet wird. Binnenseitig der Barriereinseln bildet sich aufgrund des Schutzes vor Seegang und mesotidalen Bedingungen Watt aus. Die Ausprägung dieses Watt-Rinnen-Insel-Ebbdelta-Systems hängt vom Zusammenspiel der tidebedingten Strömung, Küstenquer- und Küstenlängstransport, Wellen, Oberwasserabfluss, und der lokalen

Geologie bzw. Geometrie ab (Dastgheib et al., 2008). Watt entsteht, wenn das Sediment-dargebot ausreichend ist und die typische Wellenhöhe im Vergleich zum Tidehub gering ist, weshalb nicht überall auf der Welt Wattsysteme möglich sind.

Seedeiche und nachfolgende Befestigungen wie Buhnen, Dämme oder Lahnungen (Jensen et al. 2024) bilden die Begrenzung zum Festland in diesem Teil der Nordsee; im Übergangsbereich zwischen Uferbefestigung und Watt befindet sich zumeist Schlickwatt oder Salzmarsch (Beispiel in Abb. 2.4). Der überwiegende Anteil des Watts im Watten-meer ist fein- bis mittelsandig (Sandwatt); in wenig-wellenexponierten Gebieten steigt

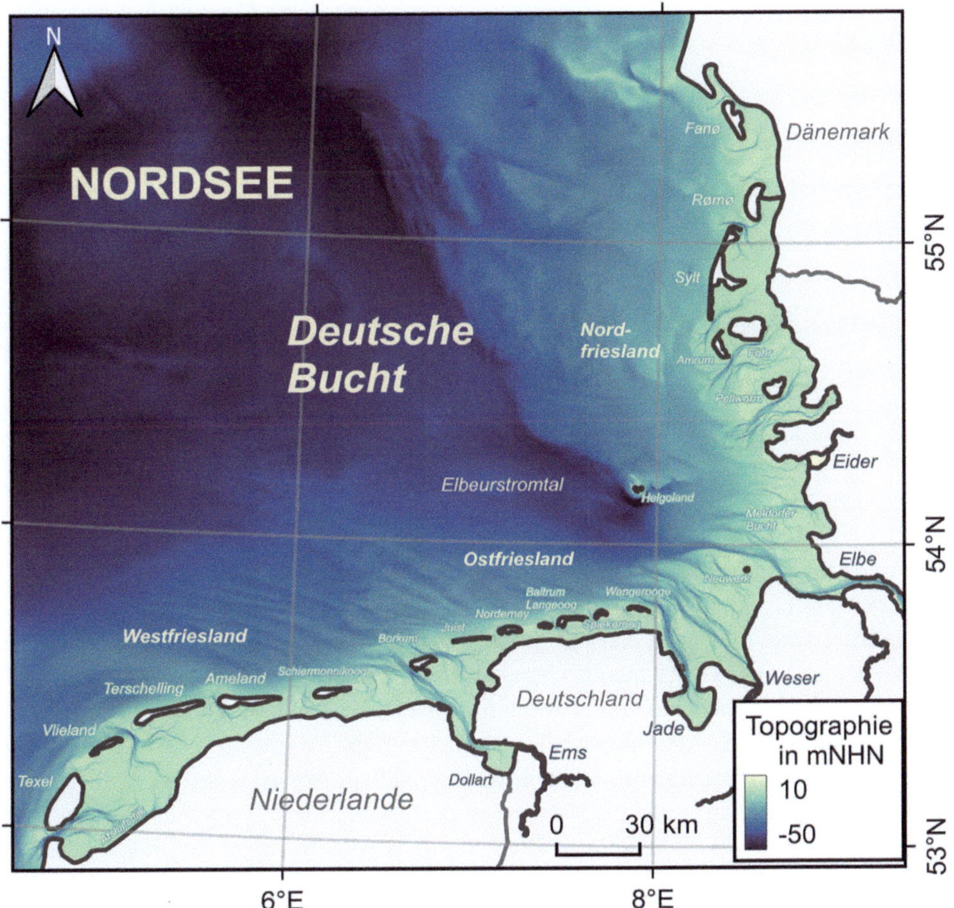

Abb. 2.3 Übersichtskarte der südwestlichen Nordsee von Westfriesland bis ins dänische Watten-meer. Topografie entnommen vom TrilaWatt-Datensatz (Milbradt, 2024) und dem europäischen EMODnet (2018)

der Anteil an feinen Sedimenten (Mischwatt, Schlickwatt) (Meyer und Ragutzki 1997; Ragutzki 1980).

Die Insel Texel bildet den Auftakt einer Serie an Barriereinseln, die die nördliche Küste der Niederlande und Deutschlands charakterisiert. Binnenseitig von Texel und der östlichen Nachbarinsel Ameland befindet sich das Ijsselmeer, das in den 1950er-Jahren durch den „Afsluitdijk" (dt. Abschlussdeich, siehe auch Kap. 5) von der Nordsee abgetrennt wurde. Entlang der Barriereinseln Vlieland, Terschelling, Ameland und Schiermonnikoog in Richtung Emsästuar folgen die Barriereinseln Borkum, Juist, Norderney, Baltrum, Langeoog, Spiekeroog und Wangerooge. Hier ändert sich die Struktur der Küste durch die Flussmündungen von Weser und Elbe sowie der Jade. Die Jade ist ein halboffenes System, dass im Jadebusen endet. Das Watt ist ab hier flächenmäßig deutlich größer als in West- und Ostfriesland und die Fahrrinnen für die Seeschifffahrt sind durch Fahrrinnen-Unterhaltung und hohen Oberwasserabfluss, bspw. aus der Weser, tiefer. Die Morphologie dieses Bereiches ist durch Oberwasserabfluss, wellenexponierte Lage und anthropogene

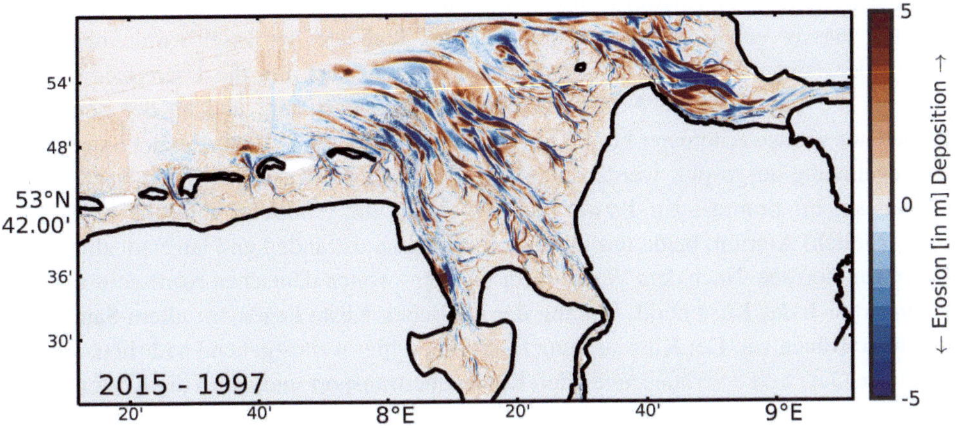

Abb. 2.5 Tiefendifferenz zwischen den Jahren 1997 und 2015 mit Erosion in Blau und Deposition in Rot. Tiefendaten entstammen dem EasyGSH-DB-Projekt (Sievers et al. 2020; Sievers et al. 2021)

Unterhaltung geprägt. Insbesondere in Weser und Elbe werden große Mengen an Sediment anthropogen umgelagert und in der Flussmündung verbracht – auch Sandgewinnung hat hier stattgefunden. Diese Region ist morphologisch sehr aktiv und eine natürliche Rinnen- oder Sandbankverlagerung um mehrere hundert Meter pro Jahr ist keine Seltenheit (Abb. 2.5). Der Durchbruch einer zweiten Hauptrinne im Elbeästuar zwischen 2006 und 2010 hatte beispielsweise messbare Auswirkungen auf die Tidedynamik und führte zu deutlichen Anstiegen im Tidehub im Dezimeterbereich am Pegel St. Pauli in Hamburg (Weilbeer et al. 2021). Sedimentologisch finden wir in diesem Bereich vergleichbare Verhältnisse wie im restlichen Wattenmeer mit sandigen Gebieten am seeseitigen Rand und Schlickwatt in der Nähe des Deichs.

Nördlich von Weser und Elbe befindet sich die Meldorfer Bucht, wo in den 1950ern bis 1970ern Landgewinnung betrieben wurde (Ricklefs & Neto, 2005). Verschiedene Untersuchungen sowohl von Tidekennwerten (Jänicke et al., 2020) als auch der Geomorphologie (Lepper, 2023) zeigen, dass die Auswirkungen dieser Maßnahmen bis heute andauern (vgl. Kap. 6). Weiter nördlich befindet sich das Eiderästuar, das im vergleichbaren Zeitraum durch ein Sturmflutsperrwerk von der offenen Nordsee getrennt wurde (Abb. 2.9).

In Nordfriesland verändert sich die Struktur des Wattenmeers. Tiderinnen werden deutlich tiefer und breiter, die klassische Barriereinsel-Watt-Festland-Struktur verschwindet und wird durch ein Gehöft an großen Inseln (Föhr, Pellworm, Amrum und Sylt), Halligen (beispielsweise Langeneß oder Hooge, Abb. 2.6) und vorgelagerten Sandbänken ersetzt. Insbesondere die einzigartigen Halligen stoßen hierbei häufig auf Interesse, da umliegende Salzmarschstrukturen bei Sturmflut komplett überflutet werden und die Bewohner, deren Häuser sich auf hügelartigen Warften befinden, von der Außenwelt abschneiden (Abb. 2.6).

Eine weitere erwähnenswerte Insel im Fokus der Öffentlichkeit ist Sylt, das seit Jahrzehnten massiv von Erosion betroffen ist. Das Südende der Insel wurde bereits mit Tetrapoden (siehe Abb. 2.7) und Querbauwerken befestigt, um die Ufererosion zu verringern. Die Insel ist nach Nord-Süd-Richtung besonders lang und an den schmalsten Stellen nur wenige Kilometer breit. Die seeseitige Küste von Sylt beheimatet Sandstrände, die regelmäßig aufgespült werden; entsprechend fällt die Küste nach den Sandstränden schnell ab. Im Kontrast zur Küste von Sylt stehen die nördliche dänische Insel Rømø bzw. (südlich) Amrum; beide mit kilometerbreiten Sandstränden und langsam abfallenden Ufern zur Nordsee. Nach dem Wattenmeer und der zweiten dänischen Nordseeinsel (Fanø) verändert sich das Küstenbild. Entlang der dänischen Küste liegen vor allem Sandstrände und hohe Dünen vor. Der Küstenschutz funktioniert hier weitestgehend natürlich, lediglich längliche Querwerke verlangsamen den Küstenquertransport und damit die Küstenerosion.

Abb. 2.6 Luftbildaufnahme der Hallig Langeneß im Jahr 2019 bei Niedrigwasser. Die Halligkanten wurden mit Deckwerken gesichert und der Küstenquertransport durch massive Querbauwerke (Buhnen) gebremst. Die Bewohner wohnen auf höher gelegenen Warften, die bei Sturm- und Kantenflutereignissen von der Außenwelt abgetrennt werden (BAW, 2025b; CC-BY 4.0)

Abb. 2.7 Harter Küstenschutz mit Tetrapoden an der Südspitze von Sylt (BAW, 2025c; CC-BY 4.0)

2.2 Menschliche Eingriffe und Küstenschutz

Küstenschutz in Kombination mit Landgewinnung hat eine lange Tradition an weiten Teilen der Nordseeküste. Der Fokus dieses Buches liegt aus Gründen der Ausführlichkeit auf der südöstlichen Nordsee (Niederlande und Deutschland), da dort Küstenschutzmaßnahmen aufgrund der glazial bedingten, flachen topographischen Gegebenheiten in Kombination mit der Vulnerabilität von Windstau aus vorherrschenden Westwinden zusammenkommen. Es sei erwähnt, dass die ausgeprägte Sturmsaison zwischen September und April, in Kombination mit teilweise voll ausgereiftem Seegang den Schutz von anthropogen genutzten Küsten immer notwendig macht.

In der Vergangenheit wurden häufig die Gebiete, die von Menschen eingedeicht und drainiert wurden, von den verheerendsten Sturmfluten heimgesucht. Grundsätzlich addieren sich bei einer Sturmflut der mittlere Meeresspiegel, das Tidehochwasser sowie der Windstau und die Windwellen zu einen erhöhtem Wasserstand. An der Nordsee spricht man ab einem Wasserstand von 1,5 m über dem mittleren Tidehochwasser von einer Sturmflut, an der Ostsee ab einer Höhe von 1,0 m aufgrund der deutlich geringeren Tidewirkung. Die Nordsee hat eine sehr ausgeprägte Tide aus dem Nordatlantik (2 bis 4 m), die Ostsee (westliche Ostsee ca. 0,3 m) hat nur eine geringe eigene Tide durch ihre geringe Größe und isolierte Lage. Die Kategorie „sehr schwere Sturmflut" beginnt an der Nordsee bei 3,5 m über mThw (mittleres Tidehochwasser) und an der Ostsee bei 2,0 m über mThw. Durch den Klimawandel steigen sowohl der mittlere Meeresspiegel als auch die Tidehochwasser im Bereich der Deutschen Bucht an, sodass Windstau und Windwellen auf einem höheren Niveau wirken und damit potenziell höhere Sturmfluten zu erwarten sind. Das bedeutet, der gleiche Sturm heute würde höhere Scheitelwasserstände als vor 50 Jahren auslösen aufgrund des höheren mittleren Wasserspiegels. Heutzutage ist der Küstenschutz durch hohe Deiche bis zu + 8,5 mNHN mit flachen Neigungen und Sperrwerken bis in die nahe Zukunft gewährleistet (Hofstede, 2008) und beinhaltet teilweise bereits eine Reserve gegen den steigenden Meeresspiegel (siehe beispielsweise „Generalplan Küstenschutz" des Landes Schleswig–Holstein). Die Anzahl unterschiedlicher Deichprofile in Abb. 2.8 verdeutlicht die Häufigkeit des Scheiterns von Küstenschutz in der Vergangenheit und damit fataler Sturmflutereignisse durch Deichversagen, die uns bis zum heutigen Maß an Sicherheit führten. Aktuelle Deichprofile haben eine hohe Krone zur Vermeidung von Überspülung durch Seegang, eine flache seeseitige Neigung zur Dämpfung des Wellenauflaufs, einen bindigen Kern zur Verhinderung von Durchweichung, einen gesicherten seeseitigen Fuß zur Verhinderung von Erosion und einen Deichverteidigungsweg zur regelmäßigen Inspektion und zur schnellen Einleitung von Notfallmaßnahmen.

In der südöstlichen Nordsee bildet zudem das komplexe Netzwerk aus Inseln, Barriereinseln, Dünen und flachen Wattgebieten eine natürliche Schutzzone gegen den Wellenangriff bei stürmischen Bedingungen (Möller et al., 2014). In diesen Gebieten wird

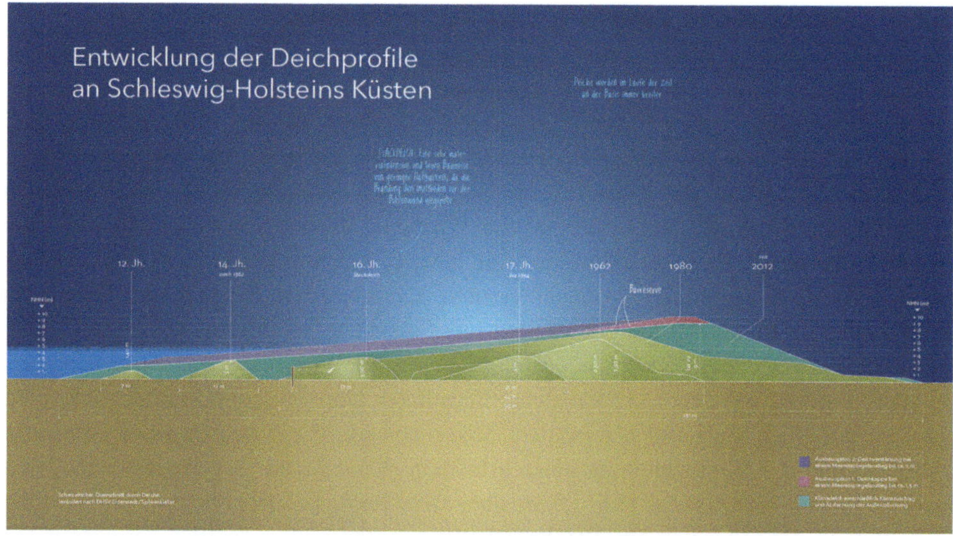

Abb. 2.8 Die Evolution von Deichquerschnitten im Verlauf der Geschichte seit dem 12. Jahrhundert. Über die Zeit wurden die Schutzstrukturen immer höher und die seeseitige Neigung immer flacher. So wurde über Jahrhunderte das heutige Deichprofil perfektioniert (LKN-SH, 2025; Lizenz: CC-BY 4.0)

zusätzlich die Salzmarschbildung, beispielsweise mit Lahnungen oder Querbauwerken, gefördert, Seegraswiesen renaturiert und Küstenerosion mit Sandaufspülungen begegnet (Hofstede, 2008; Brand et al., 2022). Das Eidersperrwerk in Nordfriesland stellt ein Beispiel für eines der wichtigen Küstenschutzbauwerke der Nachkriegszeit dar (Abb. 2.9). Dieses Bauwerk wurde nach der verheerenden Hamburger Sturmflut von 1962, die mehr als 300 Menschen das Leben kostete, geplant und ab 1967 umgesetzt. Durch das Sperrwerk wurde die Deichlinie der Eider von ca. 60 km auf rund 4,8 km verkürzt. Seit der Errichtung war die Eider zwar von keiner Sturmflut mehr betroffen, jedoch entstanden mit dem Bauwerk neue Probleme wie beispielsweise Verschlickung, eine schlechtere Entwässerung des Hinterlands im Staufall, ein massiver Eingriff in das Ökosystem des Ästuars und eine Kolkbildung rund um das Bauwerk aufgrund der massiven Verengung des Fließquerschnitts. Weitere Beispiele für Sturmflutsperrwerke befinden sich an der Themse, der Oosterschelde, bei Rotterdam, am Abschlussdeich vor dem Ijsselmeer, an der Ems und an den Nebenflüssen von Weser und Elbe (beispielsweise Hunte, Lesum, Ochtum, Oste, Krückau, Stör, Pinnau).

Zum Küstenschutz gehört jedoch nicht nur der Schutz vor Sturmfluten und damit besonders hohen Wasserständen, sondern auch die Entwässerung des Hinterlandes bei

Abb. 2.9 Luftaufnahme des Eidersperrwerks westlich von Tönning in Nordfriesland (BAW, 2025d; CC-BY 4.0)

Tideniedrigwasser. Eine wichtige Funktion haben Siele. Ein Siel ist ein verschließbarer Gewässerdurchlass in einem Deich, der als Ventil zur passiven Entwässerung dient. Bei höherem Wasserstand auf der Meerseite bleibt das Siel aufgrund des höheren seeseitigen Drucks zwangsweise geschlossen. Bei niedrigem Wasserstand auf der Meerseite und anstehendem Wasser auf der Binnenseite öffnet es sich hingegen durch den höheren Druck von der Binnenseite. Diese Konstruktion ermöglicht die Ableitung von Wasser aus dem Binnenland (hinter dem Deich gelegen) und ist ein wesentlicher Bestandteil des Entwässerungssystems von tiefgelegenen Marschgebieten. Die enorme Bedeutung wird auch durch die Namensgebung vieler Orte der Deutschen Nordseeküste deutlich, beispielsweise Bensersiel, Carolinensiel oder Schlüttsiel. Ein höheres Tideniedrigwasser kann die Entwässerungssysteme behindern. Siele und Schöpfwerke haben weniger Zeit, Wasser aus dem Binnenland abzuleiten, was zu Vernässung und erhöhter Gefahr von Binnenhochwasser führt.

Diese Problematik ist für den Raum Emden (Entwässerungsverbände Aurich, Emden, Norden und Oldersum) beispielsweise kürzlich in der KLEVER-Risk-Studie (KLEVER-Risk, 2023) der Universität Oldenburg und der Jade Hochschule beleuchtet worden. Laut der KLEVER-Risk-Studie hat der Meeresspiegelanstieg deutliche Auswirkungen auf die Binnenentwässerung, insbesondere durch Veränderungen des Tideniedrig- und Tidehochwassers. Ein geringerer Wasserstandsrückgang bei Ebbe schränkt den Betrieb von Sieleinrichtungen erheblich ein oder macht ihn sogar unmöglich, wodurch vermehrt auf Pumpenbetrieb umgestellt werden muss. Der Anstieg des Tidehochwassers verschärft die Situation zusätzlich, da er auch den Pumpenbetrieb behindert. Die Pumpen der Schöpfwerke sind für eine spezifische geodätische Förderhöhe ausgelegt, also die Höhendifferenz zwischen Binnen- und Außenwasserstand. Überschreitet der Außenwasserstand bei Flut eine kritische Förderhöhe, nimmt die Pumpleistung deutlich ab. In einigen Fällen müssen die Pumpen sogar abgeschaltet werden, um Schäden an der Technik zu vermeiden. Höhere Außenwasserstände führen dazu, dass Pumpen häufiger unter größerer Belastung betrieben oder pausiert werden müssen, was die Fördermenge insgesamt reduziert, und die Entwässerung erschwert. Zur Quantifizierung der oben beschriebenen Effekte wurden im Rahmen der KLEVER-Risk-Studie die Auswirkungen eines zugrunde gelegten Meeresspiegelanstiegs von 110 cm bis 2100 (RCP8.5, 95 %-Perzentil) untersucht. Unter der Annahme, dass das Tideniedrigwasser im gleichen Maß wie der mittlere Meeresspiegel ansteigt, würde sich die Anzahl der verfügbaren Sielstunden künftig deutlich verringern. Geht man von dieser Ausgangsituation aus, würden sich die pumpfreien Sielzeiten um zwischen 33 und 100 % reduzieren. Zwar wäre eine Entwässerung durch die Pumpleistung bei Normaltide auch weiterhin möglich, im Umfeld von Sturmfluten jedoch zunehmend mit den heutigen Anlagen so nicht mehr umsetzbar.

Abb. 2.10 zeigt das historische, auf Basis der damals verfügbaren Möglichkeiten geschätzte, Ausmaß von Landverlusten, bevor eine Variante an Küstenschutz möglich war. Auf der linken Seite ist Nordfriesland im Jahr 1651, auf der rechten Seite im Jahr 1240 abgebildet. Deutlich ist der großräumige Verlust von Siedlungsfläche in diesem Zeitraum

Abb. 2.10 Nordfriesland in den Jahren 1651 (links) und 1240 (rechts). Abbildungen entnommen aus dem *Atlas Maior of 1665* (Abbildung gemeinfrei)

erkennbar, wobei in heutiger Zeit erfolgreicher gegen diesen Landverlust vorgegangen wird und die Landgewinnung spätestens seitdem frühen 20. Jahrhundert der insgesamt dominante Faktor wurde.

So fanden beispielsweise zur Landgewinnung und aus Küstenschutzgründen im frühen 20. Jahrhundert die Abtrennung des holländischen Ijsselmeers mit dem „Afsluitdijk" (dt. Abschlussdeich), des Lauwersoogs und die Eindeichung der Meldorfer Bucht bei Büsum statt (siehe auch Kap. 5). Die Aktivitäten im Bereich der Außenems und dem Dollart sind exemplarisch in Abb. 2.11 dargestellt. Das Ausmaß der kleinteiligen Landgewinnung wird hier besonders deutlich und die Verkleinerung der Überflutungsfläche ist bedeutsam. Aus der Landgewinnung und Eindeichung folgen jedoch Nebenwirkungen, die bis heute andauern. Mittlerweile ist es wissenschaftlicher Konsens, dass disruptive Veränderungen am System, wie beispielsweise Landgewinnung, mit Sedimentation und Verschlickung einhergehen (Vos & Knol, 2015, Alonso et al. 2021) und Veränderungen der Tidedynamik nach sich ziehen.

Seit der Nordseesturmflut von 1962 und den anschließenden massiven Investitionen in den Küstenschutz, beschränken sich die menschlichen Eingriffe an der Küste auf die Errichtung von neuen oder der Erweiterung von bestehenden Bauwerken, wie

Abb. 2.11 Abschätzung der Landgewinnung im Bereich der Außenems und des Dollart seit dem Mittelalter bis in den heutigen Zustand. Abbildung abgeändert nach Schrijvershof et al. (2024)

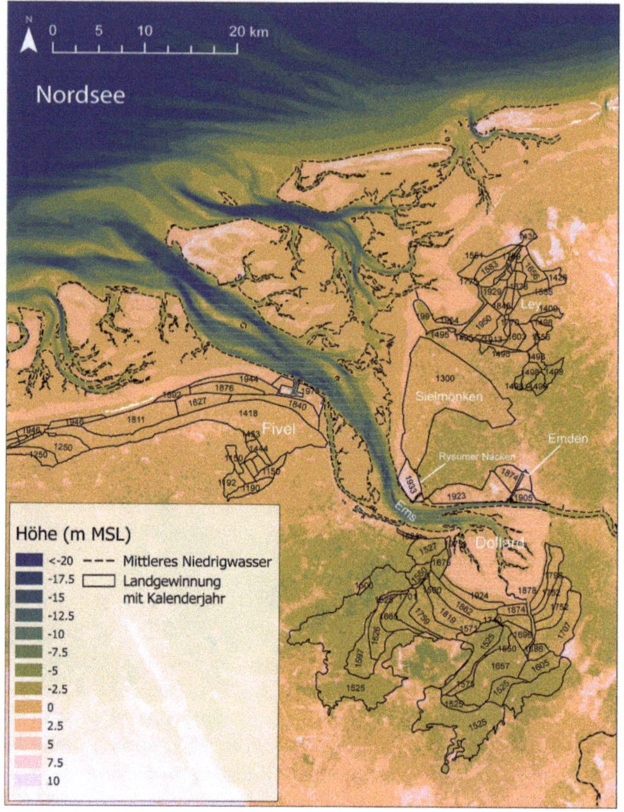

beispielsweise dem Jade-Weser-Port (Abb. 2.13), Strandaufspülungen, Vertiefungen, Verschwenkungen sowie die Unterhaltung der Seeschifffahrtsstraßen. Vertiefungsmaßnahmen spielen seit dieser Zeit eine große Rolle, da in tieferem Fahrwasser größere Schiffe mit mehr Ladung und mehr Tiefgang das Zeitalter der Globalisierung antreiben. Vertiefungsmaßnahmen bleiben, analog zur Landgewinnung, ebenfalls nicht ohne Nebenwirkung: Das Schicksal der Ems ist hierfür ein eindrucksvolles Beispiel: Durch die stetige Vertiefung der Fahrrinne wurde das System so stark beeinflusst, dass sich die Schwebstoffkonzentration massiv erhöhte, was wiederrum Sauerstoffknappheit und vermehrte Unterhaltung zur Folge hat (Winterwerp, 2011). Die Gesamtheit der anthropogenen Umlagerung von Sedimenten und der Unterhaltung von Fahrrinnen wird als Sedimentmanagement bezeichnet.

Abb. 2.12 verdeutlicht klassische Prozesse des modernen Sedimentmanagements an anthropogen überprägten Küsten. Es sei erwähnt, dass in vielen Ästuar- und Küstensystemen hierzu noch Sandgewinnung zählt, da marine Sande sich aufgrund günstiger Korneigenschaften für die Herstellung von Beton ausgezeichnet eignen. Sedimentmanagement zeichnet sich insbesondere durch Umlagerung von Sedimenten aus. Gebaggert wird

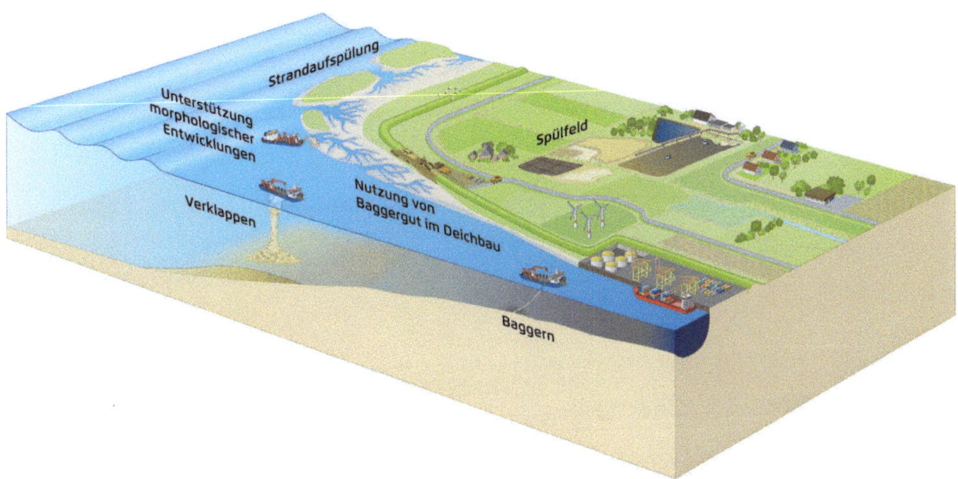

Abb. 2.12 Bestandteile des küstennahen Sedimentmanagements in anthropogen überprägten Ästuarsystemen mit einem Fokus auf Sedimentumlagerung (BAW, 2025e; CC-BY 4.0)

entweder zur Materialgewinnung (Sandgewinnung oder Strandaufspülung) oder zur Fahrrinnenunterhaltung. Durch letzteres wird häufig feineres, teilweise schluffiges Material gefördert, das sich für die Weiterverwendung z. B. als Baumaterial nicht eignet. Dementsprechend wird dieses Material im äußeren Ästuar oder Offshore oder soweit möglich an Land verbracht. Perspektivisch könnte dieses Material auch zur zielgerichteten Unterstützung von beispielsweise Wattwachstum oder Deichbau bzw. -unterhaltung verwendet werden, jedoch sind hier häufig hohe naturschutzrechtliche Hürden zu überwinden, weil insbesondere Material aus Seeschifffahrtsstraßen und Häfen potenziell mit Schadstoff belastet sein kann.

Das Ausmaß der Fahrrinnenunterhaltung sollte nicht unterschätzt werden. Lt. OSPAR-Kommission wurden zwischen 2015 und 2020 im europäischen Nordseeraum ca. zwischen 80 bis 130 Mio. m^3 an Sediment pro Jahr umgelagert. In den deutschen Nordseeästuaren Ems, Jade, Weser und Elbe wurden davon in den letzten 25 Jahren jedes Jahr mehrere Millionen m^3 Material pro Jahr umgelagert. Die Volumina sind zunehmend oder auf hohem Niveau stabil. Es muss zusätzlich erwähnt werden, dass umgelagertes Sediment entweder in den Flussmündungen oder im Ästuar selbst verbracht wird, was ggf. zur Doppelerfassung im Sinne eines Sedimentbudgets führt (umgangssprachlich: „Kreislaufbaggerei"). Entgegen dem negativen Ruf kann Kreislaufbaggerei einen Zweck erfüllen. Durch die Baggerung wird dem System lokal Material entnommen, was ein lokales Defizit erzeugt. Würde dieses gebaggerte Material vollständig entnommen, beispielsweise durch Verbringung an Land oder durch Offshore-Umlagerung, fehlt das Material im Kreislauf des Systems: Das Resultat wäre ein verstärkter Sedimentimport, weshalb zukünftig mehr

Abb. 2.13 Luftaufnahme des Jade-Weser-Ports bei Wilhelmshaven in Ostfriesland (BAW, 2025f.; CC-BY 4.0)

gebaggert werden müsste. In der Schelde werden gebaggerte Sedimente daher häufig in Nebenrinnen der Fahrrinnen verbracht (Elias et al., 2023).

In Abb. 2.13 ist als Beispiel der Jade-Weser-Port abgebildet. Im Hintergrund sind die ausgedehnten Wattflächen zwischen Jade und Weser („Hohewegwatt") zu erkennen sowie die beinahe komplett natürliche Fahrrinne der Jade. Das Hohewegwatt stellt eine natürliche Wattwasserscheide zwischen Jade und Weser dar. Direkt vor der Kaje des Jade-Weser-Ports wurde eine Liegewanne für andockende Schiffe errichtet. Der Jade-Weser-Port ist ein Tiefwasserhafen, der an die natürliche Tiderinne der Jade gebaut wurde, weshalb im Vorfeld von geringen Unterhaltungsmengen ausgegangen wurde. Nichtsdestotrotz sind auch die Unterhaltungsmengen auch an der Jade zunehmend (Lepper, 2023), wobei die Größenordnung deutlich kleiner ist als beispielsweise in Weser oder Elbe.

2.3 Hydrographie

Zunächst soll an dieser Stelle eine kurze Übersicht über das prinzipielle Tidegeschehen der Nordsee gegeben werden. Die einzelnen physikalischen Prozesse, die diesem Tidegeschehen zugrunde legen, werden in Kap. 3 und im speziellen in den Kapiteln 4 und 5 näher erläutert, dennoch soll hier eine erste Orientierungshilfe gegeben werden.

Maßgeblich für ein Verständnis der folgenden Kapitel ist insbesondere die Fortbewegungsrichtung der Tidewelle entgegen des Uhrzeigersinns in der Nordsee. Als kleines Randmeer des Nordatlantik besitzt die Nordsee keine signifikante eigene Tide, sondern wird maßgeblich von der Tide des Nordatlantik dominiert. Die Tidewelle des Nordatlantik bewegt sich (idealisiert) als große harmonische Welle gegen den Uhrzeigersinn um ihren Mittelpunkt, einen sog. amphidromischen Punkt oder Bereich (siehe auch Abb. 3.9 und 3.11 in Kap. 3), der etwa auf halber Strecke zwischen der Ostküste Nordamerikas und Großbritanniens liegt. Die Tidewelle bewegt sich an der nordafrikanischen bzw. europäischen Atlantikküste entlang in Richtung Nordmeer, Island und Grönland. Im Bereich des Ärmelkanals teilt diese Welle sich auf. Ein Teil der Welle läuft westlich von Irland bzw. zwischen und Irland und Großbritannien nach Norden weiter, während ein anderer Teil durch den Ärmelkanal in die Nordsee eintritt. Außerdem läuft ein Teil der Tidewelle, der westlich von Großbritannien weiter nach Norden propagiert, anschließend durch die Passage zwischen Schottland und Norwegen in Richtung Süden in die Nordsee ein. Dieser Teil der Tidewelle setzt sich an der britischen Ostküste entlang nach Süden fort bis zum Ärmelkanal. Hier findet eine Überlagerung mit der Tidewelle aus dem Ärmelkanal statt, wobei die nördliche Welle überwiegend in Richtung der Deutschen Bucht verläuft und der Anteil der südlichen Welle bis Borkum nachlässt. Am Pegel Helgoland lässt sich beispielsweise nahezu ausschließlich das Fernwellensignal des schottischen Pegels Aberdeen oder Lerwick nachweisen (Gönnert, 2003, Hagen et al., 2021). Insbesondere im Bereich des Ärmelkanals kommt es aufgrund der Meerenge Dover-Calais, der dort eintretenden Tidewelle und starken Flachwassereffekten zu ungewöhnlichen Tideformen, die mit dem Wasserstandssignal vor und nach dem Ärmelkanal wenig Ähnlichkeit aufweisen. Anschließend läuft die Tidewelle weiter entgegen dem Urzeigersinn an der Küstenlinie der Niederlande entlang, bis sie schließlich die Deutsche Bucht erreicht und sich von hier nördlich in Richtung Dänemark und Norwegen fortsetzt. Für die halbtäglichen Gezeiten im Nordseebecken ergeben sich drei amphidromische Systeme mit amphidromischen Punkten im nördlichen Ärmelkanal, in der Nähe des Zentrums des Beckens nordwestlich der Deutschen Bucht und nahe der südwestlichen norwegischen Küste. Letzterer Punkt wird oft als degeneriert oder unvollständig bezeichnet, da in diesem Bereich nicht alle halbtäglichen Gezeitenkomponenten einen voll entwickelten amphidromischen Punkt aufweisen. Da die Beckenform der Nordsee nahe der Resonanzfrequenz im halbtäglichen Bereich liegt, führt die Überlagerung der beiden wichtigsten Partialtiden M2 und S2 zu einem deutlichen Spring-Nipp-Zyklus. Diese beiden Partialtiden allein verursachen einen mikro- bis makrotidalen Tidehub zwischen weniger als 1 und mehr als 5 m. Die messbaren Auswirkungen des Spring-Nipp-Zyklus können an den einzelnen Pegeln stark variieren, liegen aber in den meisten Fällen im Dezimeterbereich. So wird beispielsweise im schottischen Lerwick eine Differenz zwischen dem mittleren Spring- und dem mittleren Nipphochwasser von 0,5 m und für Cuxhaven von etwa 0,4 m angenommen. Im Bereich des Ärmelkanals können höhere Werte auftreten, wie etwa 1 m in Sheerness oder 1,3 m in Dover.

Insgesamt beträgt der mittlere Tidehub an der Ostküste des Vereinigten Königreichs mehr als 4 m, knapp unter 2 m an der niederländischen Westküste, zwischen 2 und 3 m an der niederländischen Nordküste und in der Deutschen Bucht bis zu 4 m und mehr. Das Gezeitenregime der Nordsee ist damit sowohl makrotidal (>4 m), mesotidal (2-4 m) als auch mikrotidal (<2 m), da der tatsächliche Tidehub stark von lokalen Faktoren beeinflusst wird. So beträgt beispielsweise der mittlere Tidehub bei Springfluten 3,6 m in Aberdeen und 6,2 m in Immingham (Horsburgh & Wilson, 2007), obwohl beide Pegel vergleichsweise nah beieinander an der britischen Ostküste liegen.

Für viele der übrigen hydrografischen Parameter der Nordsee existieren verschiedene, leicht voneinander abweichende Schätzungen. Im Folgenden soll ein kurzer Überblick auf Basis der Arbeiten der OSPAR-Kommission gegeben werden (OSPAR Commission (2000). In Abhängig von Jahreszeit und geografischer Position variiert die Wassertemperatur in der Nordsee in etwa zwischen 0 bis über 20 °C, wobei oberflächennahe Wasserschichten logischerweise größere Temperaturschwankungen aufweisen. Der Zufluss von atlantischem Tiefenwasser zwischen Großbritannien und Norwegen schwankt beispielsweise nur zwischen etwa 5 und 8 °C. Auch höhere Werte können in Spitzen auftreten und in verschiedenen Jahren kann die Nordsee aufgrund ozeanografischer und meteorologischer Effekte unterschiedlich warm sein. Das Bundesamt für Seeschifffahrt und Hydrographie (BSH) hat für das Jahr 2024 beispielsweise einen Mittelwert von etwa 11 °C ermittelt, während die Temperaturen im Jahr 1969 eher im Bereich von 9,5 °C lagen, wobei die Jahre 2014, 2022 und 2023 zu den wärmsten seit Beginn der Aufzeichnungen zählen. Diese Erwärmung wird vom BSH im Wesentlichen auf die Klimaerwärmung in diesem Zeitraum zurückgeführt (WEB2).

Ebenso variiert der Salzgehalt und kann beispielsweise über 35,2 g/kg bei einströmendem Atlantikwasser betragen, jedoch auch auf Werte um 8 g/kg bei einströmendem Ostseewasser absinken. Im Bereich großer Zuflüsse von Binnenwasser kann die Salinität ebenfalls lokal deutlich herabgesetzt sein, sodass in der Deutschen Bucht eher ein Salzgehalt zwischen 32 und 34 g/kg anstelle von 35,2 g/kg in der offenen Nordsee typisch ist. Die größten Zuflüsse bildeten dabei das Rhein-Maas-Delta (ca. 2.900 m^3/s) in den Niederlanden, die Elbe (ca. 850 m^3/s) in der Deutschen Bucht sowie die Glomma (ca. 600 m^3/s) in Norwegen. Für die Deutsche Bucht sind weiterhin die Weser (ca. 360 m^3/s), die Ems (80 m^3/s), sowie die Eider (30 m^3/s) von Bedeutung. Der jährliche Süßwasserzufluss wird in der Literatur auf Werte zwischen 300 und 400 km^3 geschätzt und ist damit deutlich kleiner als der atlantische Zufluss (ca. Faktor 100). Der Zufluss aus dem Binnenmeer Ostsee wird im Durchschnitt auf rund 15.000 m^3/s geschätzt. Der Atlantik bzw. die atlantischen Meeresströmungen, hier konkret der Norwegische Strom als letzter Teil des Golfstroms, sind damit ähnlich dominant wie die atlantische Tidewelle für das Tidegeschehen. Molen & Pätsch (2022) fassen die Strömungsverhältnisse sehr bündig zusammen: Stark verallgemeinernd strömen atlantische Wassermassen in die Nordsee ein – im Süden durch den Ärmelkanal („Kanalstrom"), im Norden rund um Schottland

(„Fair Isle Strom") und außerdem östlich der Shetlandinseln. Diese Strömungen bewegen sich gegen den Uhrzeigersinn durch die Nordsee, vermischen sich im Osten mit dem Abfluss aus der Ostsee und verlassen die Nordsee schließlich über einen Zufluss in den Norwegischen Strom im Nordosten. Auch wenn diese Betrachtungsweise stark vereinfachend ist, gibt sie doch den Kern des Geschehens kompakt wieder.

Literatur

Alonso, A. Colina; van Maren, D. S.; Elias, E.P.L.; Holthuijsen, S. J.; Wang, Z. B. (2021): The contribution of sand and mud to infilling of tidal basins in response to a closure dam. In: Marine Geology, S. 106544. https://doi.org/10.1016/j.margeo.2021.106544.

BAW (2025a): Luftbildaufnahme Außenweser aus dem Jahr 2019, bisher unveröffentlicht. Bundesanstalt für Wasserbau – CC-BY 4.0.

BAW (2025b): Luftbildaufnahme Hallig Langeneß aus dem Jahr 2019, bisher unveröffentlicht. Bundesanstalt für Wasserbau – CC-BY 4.0.

BAW (2025c): Aufnahme von hartem Küstenschutz mit Tetrapoden auf Sylt, bisher unveröffentlicht. Bundesanstalt für Wasserbau – CC-BY 4.0.

BAW (2025d): Luftbildaufnahme des Eidersperrwerks aus dem Jahr 2019, bisher unveröffentlicht. Bundesanstalt für Wasserbau – CC-BY 4.0.

BAW (2025e): Prinzipskizze zum Themenkomplex Sedimentmanagement, bisher unveröffentlicht. Bundesanstalt für Wasserbau – CC-BY 4.0.

BAW (2025f): Luftbildaufnahme Jade-Weser-Port aus dem Jahr 2019, bisher unveröffentlicht. Bundesanstalt für Wasserbau – CC-BY 4.0.

Blouet, Brian W. (2018): The EU and neighbors. A geography of Europe in the modern world. Third edition. Hoboken, New Jersey: Wiley. Online verfügbar unter https://permalink.obvsg.at/.

Brand, Evelien; Ramaekers, Gemma; Lodder, Quirijn (2022): Dutch experience with sand nourishments for dynamic coastline conservation – An operational overview. In: Ocean & Coastal Management 217, S. 106008. https://doi.org/10.1016/j.ocecoaman.2021.106008.

Dastgheib, A.; Roelvink, J. A.; Wang, Z. B. (2008): Long-term process-based morphological modeling of the Marsdiep Tidal Basin. In: Marine Geology 256 (1), S. 90–100. https://doi.org/10.1016/j.margeo.2008.10.003.

Ehlers, J.; Gibbard, P. L.; Hughes, P. D. (2011): Quaternary Glaciations. Extent and Chronology ; A closer look. 1. Aufl. s.l.: Elsevier professional (Issn Ser, v.Volume 15). Online verfügbar unter http://gbv.eblib.com/patron/FullRecord.aspx?p=742076.

Ehlers, Jürgen (Hg.) (1983): Glacial deposits in North-West Europe. Rotterdam: Balkema.

Elias, Edwin P. L.; van der Spek, Ad J. F.; Wang, Zheng Bing; Cleveringa, Jelmer; Jeuken, Claire J. L.; Taal, Marcel; van der Werf, Jebbe J. (2023): Large-scale morphological changes and sediment budget of the Western Scheldt estuary 1955–2020: the impact of large-scale sediment management. In: Netherlands Journal of Geosciences 102. https://doi.org/10.1017/njg.2023.11.

EMODnet (2018): EMODnet Digital Bathymetry (DTM) [data set] https://doi.org/10.12770/18ff0d48-b203-4a65-94a9-5fd8b0ec35f6

Gönnert, Gabriele (2003): Sturmfluten und Windstau in der Deutschen Bucht – Charakter, Veränderungen und Maximalwerte im 20. Jahrhundert. In: Die Küste 67. Heide, Holstein: Boyens. S. 185–365.

Hofstede, Jacobus (2008): Coastal Flood Defence and Coastal Protection along the North Sea Coast of Schleswig-Holstein. Heide i. Holstein: Boyens Medien GmbH & Co. KG.

Huthnance, J. M. (1991). Physical Oceanography of the North Sea, Ocean & Shoreline Management, 16, 199–231. https://doi.org/10.1016/0951-8312(91)90005-M.

Hurst, Martin D.; Rood, Dylan H.; Ellis, Michael A.; Anderson, Robert S.; Dornbusch, Uwe (2016): Recent acceleration in coastal cliff retreat rates on the south coast of Great Britain. In: Proceedings of the National Academy of Sciences of the United States of America 113 (47), S. 13336–13341. https://doi.org/10.1073/pnas.1613044113.

Horsburgh, K. J., & Wilson, C. (2007). Tide-surge interaction and its role in the distribution of surge residuals in the North Sea. Journal of Geophysical Research, 112(C8). https://doi.org/10.1029/2006JC004033.

Huthnance, John; Weisse, Ralf; Wahl, Thomas; Thomas, Helmuth; Pietrzak, Julie; Souza, Alejandro Jose et al. (2016): Recent Change—North Sea. In: Markus Quante und Franciscus Colijn (Hg.): North Sea Region Climate Change Assessment. Cham: Springer International Publishing (Regional Climate Studies), S. 85–136.

Jänicke, Leon; Ebener, Andra; Dangendorf, Sönke; Arns, Arne; Schindelegger, Michael; Niehüser, Sebastian et al. (2020): Assessment of tidal range changes in the North Sea from 1958 to 2014. In: J. Geophys. Res. Oceans. https://doi.org/10.1029/2020JC016456.

Jensen, Jürgen; Soltau, Felix; Haigh, Ivan D. (2024): Regional Technological Adaptation of Coast and Climate with a Focus on the North Sea. In: Jürgen Jensen, Felix Soltau und Ivan D. Haigh (Hg.): Oxford Research Encyclopedia of Climate Science: Oxford University Press.

Lepper, Robert (2023): A contribution to understanding the recently enhanced coastal siltation in the German Wadden Sea. Hamburg. https://doi.org/10.15480/882.8712.

LKN-SH (2025): Entwicklung der Deichprofile an den Küsten Schleswig-Holsteins. Landesbetrieb für Küstenschutz, Nationalpark und Meeresschutz Schleswig-Holstein – CC-BY 4.0.

Mason, S. J.; Hansom, J. D. (1988): Cliff erosion and its contribution to a sediment budget for the Holderness coast, England. In: Shore and Beach (56(4)), S. 30–38.

Molen, v.d.M. & Pätsch, J. (2022): An overview of Atlantic forcing of the North Sea with focus on oceanography and biogeochemistry. Journal of Sea Research 189.

Meyer, Cornelius; Ragutzki, Günther (1997): KFKI Forschungsvorhaben Sedimentverteilung als Indikator für morphodynamische Prozesse. MTK 0591; Zwischenbericht 1996. Norderney: Forschungsstelle Küste (Dienstber. Forschungsstelle Küste, 9/1997).

Milbradt, P., Pineda, D. (2025): TrilaWatt: Topografie (2015–2021). Bundesanstalt für Wasserbau. https://doi.org/10.48437/366eab-3640c8.

Möller, Iris; Kudella, Matthias; Rupprecht, Franziska; Spencer, Tom; Paul, Maike; van Wesenbeeck, Bregje K. et al. (2014): Wave attenuation over coastal salt marshes under storm surge conditions. In: Nature Geosci 7 (10), S. 727–731. https://doi.org/10.1038/ngeo2251.

OSPAR (2000): Quality Status Report 2000. OSPAR Commission. London. 108 + vii pp.

OSPAR (2010): Quality Status Report 2010. OSPAR Commission. London. 176pp.

OSPAR (2023): Quality Status Report 2023. OSPAR Commission. London.

Quante, M., & Colijn, F. (2016). North Sea Region Climate Change Assessment. Springer Nature, New York. https://doi.org/10.1007/978-3-319-39745-0.

Ragutzki, G. (1980): Verteilung der Oberflächensedimente auf den niedersächsischen Watten. Norderney.

Ricklefs, Klaus; Neto, Nils E. (2005): Geology and Morphodynamics of a Tidal Flat Area along the German North Sea Coast. PROMORPH.

Schwartz, Maurice L. (1971): The Multiple Causality of Barrier Islands. In: The Journal of Geology 79 (1), S. 91–94. https://doi.org/10.1086/627589.

Schrijvershof, R. A., van Maren, D. S., Van der Wegen, M., & Hoitink, A. J. F. (2024). Land reclamation controls on multi-centennial estuarine evolution. Earth's Future, 12, e2024EF005080. https://doi.org/10.1029/2024EF005080.

Vink, Annemiek; Steffen, Holger; Reinhardt, Lutz; Kaufmann, Georg (2007): Holocene relative sea-level change, isostatic subsidence and the radial viscosity structure of the mantle of northwest Europe (Belgium, the Netherlands, Germany, southern North Sea). In: Quaternary Science Reviews 26 (25–28), S. 3249–3275. https://doi.org/10.1016/j.quascirev.2007.07.014.

Vos, P. C.; Knol, E. (2015): Holocene landscape reconstruction of the Wadden Sea area between Marsdiep and Weser. In: Netherlands Journal of Geosciences 94 (2), S. 157–183. https://doi.org/10.1017/njg.2015.4.

Weilbeer, Holger; Winterscheid, Axel; Strotmann, Thomas; Entelmann, Ingo; Shaikh, Suleman; Vaessen, Bernd (2021): Analyse der hydrologischen und morphologischen Entwicklung in der Tideelbe für den Zeitraum von 2013 bis 2018. 73. https://doi.org/10.18171/1.089104.

Winterwerp, Johan C. (2011): Fine sediment transport by tidal asymmetry in the high-concentrated Ems River: indications for a regime shift in response to channel deepening. In: Deutsche Hydrografische Zeitschrift 61 (2–3), S. 203–215. https://doi.org/10.1007/s10236-010-0332-0.

Ziegler, Peter A. (1990): Geological atlas of western and central Europe. 2., completely rev. ed. Den Haag: Shel.

WEB1: https://www.umweltbundesamt.de/daten/wasser/nordsee, abgerufen am 10.03.2025 11:32 Uhr.

WEB2: https://www.bsh.de/SharedDocs/Pressemitteilungen/DE/Text_html/html_2025/Pressemitteilung-2025-08-01.html#:~:text=Im%20Jahr%202024%20verzeichnete%20das,Mittel%20von%201997%20bis%202021, abgerufen am 10.03.2025 11:32 Uhr.

Die Entstehung der Gezeiten 3

Inhaltsverzeichnis

Die Wikipedia definiert: „Die Gezeiten oder Tiden [...] sind die Wasserbewegung der Ozeane, die durch die von Mond und Sonne erzeugten Gezeitenkräfte im Zusammenspiel mit der Erddrehung verursacht werden" (WEB1). Während diese Definition im Allgemeinen zutreffend ist und der allgemeinen Lehrmeinung entspricht, so ist sie doch stark vereinfachend und verbirgt die Komplexität des Themas, dem dieses Kapitel gewidmet ist. Daher soll hier zunächst eine Definition der wesentlichen Begrifflichkeiten in Bezug auf die Gezeiten erfolgen.

Man kann die Gezeiten oder Tiden als periodische Bewegungen der Ozeane und Meere definieren, die durch die Gravitation oder Anziehungskraft von Mond und Sonne verursacht werden, wenn diese ihre relative Position zur rotierenden Erde verändern. Bei diesen periodischen Bewegungen handelt es sich um Wellen mit Wellenlängen von hunderten oder auch tausenden Kilometern. Die Wasserbewegungen der Gezeiten können daher auch als Gezeiten- oder Tidewellen bezeichnet werden. Während der Antrieb der Gezeiten also rein astronomischer Natur ist, ist ihr Verhalten bzw. ihre konkrete Ausprägung in den Ozeanen und Meeren der Erde durch die Gesetze der Hydrostatik und der Hydrodynamik definiert. Ein häufig verwendeter, bildlicher Erklärungsansatz dafür ist die Bewegung von Wasser in einer Badewanne. Bewegt man eine Hand am Rand der Badewanne entlang,

© Der/die Autor(en), exklusiv lizenziert an Springer Fachmedien Wiesbaden GmbH, ein Teil von Springer Nature 2025
L. Jänicke und R. Lepper, *Die Tiden der Nordsee und ihre Veränderungen*,
https://doi.org/10.1007/978-3-658-48860-4_3

kann man das Wasser in Bewegung versetzen. Die Handbewegung entspricht dabei den Gravitationskräften des Mondes und der Sonne – sie verursachen die Bewegung des Wassers. Aber die tatsächliche Bewegung des Wassers in der Badewanne hängt nicht nur von der Handbewegung ab. Sie wird auch durch andere Faktoren bestimmt, wie beispielsweise die Form der Badewanne, die Höhe des Wasserstandes, der Reibung zwischen Wasser und Badewanne oder auch der Reflektion, d. h. dem Zurückwerfen, von Wellen am Wannenrand. Analog dazu hängt die spezifische Ausprägung der Gezeiten, also ob sie besonders stark oder schwach sind, flut- oder ebbdominant sind oder wann genau Hoch- oder Niedrigwasser eintreten, von der „Form der Badewanne" ab – also von der Geometrie und der Tiefe des Ozeans, der Topographie und vielen weiteren Faktoren. Dieses Zusammenspiel von astronomischen Antriebskräften und hydrodynamischen Einflüssen ist das, was die Gezeiten in ihrer konkreten Ausprägung so komplex und lokal einzigartig macht. So führt zum Beispiel die trichterförmige Mündung des Ästuars Severn in Großbritannien dazu, dass die dortigen Gezeiten deutlich verstärkt werden, was zur Bildung einer sogenannten Gezeitenwelle, einer „Bore", führt. In anderen Regionen, wo das Wasser tief und der Ozeanboden relativ eben ist, verlaufen die Gezeiten hingegen viel gleichmäßiger. Das Ansteigen und Abfallen der Tidewelle führt entsprechend zur Überflutung oder zum Trockenfallen von Küstenbereichen, ein berühmtes Beispiel bilden hier die ausprägten Wattflächen der Deutschen Bucht (Abb. 3.1).

Das Ansteigen und Abfallen der Wasseroberfläche werden häufig zusammenfassend als Tide bezeichnet, die horizontale Bewegung dagegen als Tidewelle. An einem festen Ort, beispielsweise einem Tidepegel, beobachten wir eine Tidekurve als zeitlichen Verlauf des Tidewasserstands, welche idealisiert in Abb. 3.2 dargestellt wird. In ihrer einfachsten Form entspricht sie einer Sinusfunktion, wobei das Maximum als Tidehochwasser und das Minium als Tideniedrigwasser bezeichnet wird. Der Höhenunterschied zwischen Tidehoch- und Tideniedrigwasser ist der Tidehub. Nach der deutschen Norm DIN 4049–3 wird der Tidehub leicht abweichend als Differenz zwischen jedem Tidehochwasser und dem Mittelwert des vorherigen und des folgenden Tideniedrigwassers berechnet. Gleichwohl dies zielführend erscheint, ist eine Angabe nach dieser Formel international wenig gebräuchlich. Der gemessene Tidehub wird häufig zur Klassifizierung von Küstenregionen verwendet, da Niedrig- und Hochwasser implizit berücksichtigt werden. Regionen mit einem Tidehub von weniger als 2 m werden als mikrotidal, mit weniger als 4 m als mesotidal und mit mehr als 4 m als makrotidal bezeichnet (Tab. 3.1).

Die Periode der Gezeitenschwingung ist die Zeit von einem Niedrigwasser bis zum nächsten Niedrigwasser (bzw. von einem Hochwasser bis zum nächsten Hochwasser) und beträgt z. B. in der Nordsee zumeist 12,4 h bzw. 12 h und 25 min. Dies liegt darin begründet, dass der Mond als dominanter Tideantrieb in diesem Zeitraum die Erde halb umrundet hat. Diese Zeitspanne wird als Tidedauer bezeichnet und in Flutdauer bei ansteigendem (Tidestieg) und Ebbedauer bei abfallendem (Tidefall) Wasserstand unterschieden. Andere Gebiete der Erde können deutlich davon abweichen, wenn andere Prozesse dominant sind. Rund um Australien gibt es beispielsweise Gegenden, die täglich, halbtäglich

Abb. 3.1 Leuchtturm Arngast im Jadebusen bei Tideniedrigwasser. Der Leuchtturm kann bei Tidehochwasser nur per Schiff erreicht werden. Umgebend sind die großräumigen Wattflächen sowie im oberen Bereich des Bildes die Nordsee zu erkennen. (BAW, 2025; CC-BY 4.0)

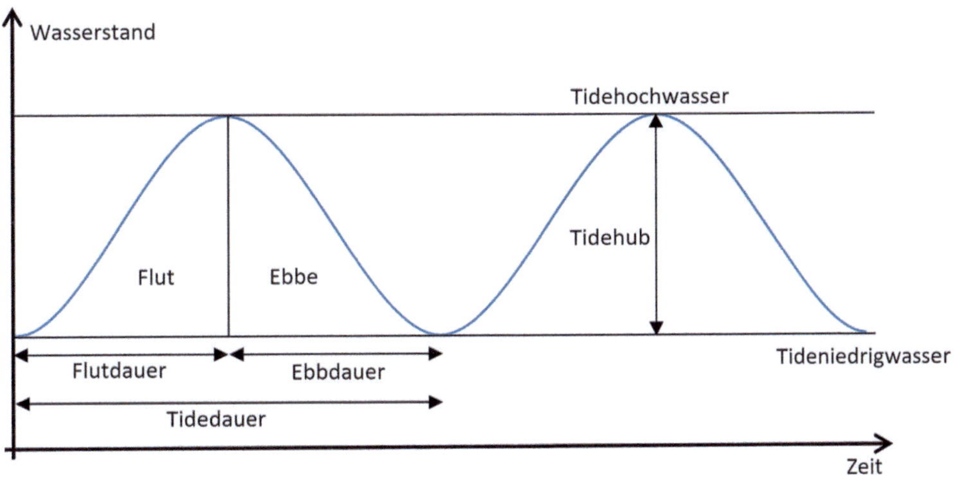

Abb. 3.2 Idealisierte Darstellung der Tidekurve mit ausgewählten Parametern nach DIN 4049-3

Tab. 3.1 Klassifizierung der vorherrschenden Tiden nach Pugh (1987)

Klassifikation	Tidehub [m]
mikrotidal	Thb < 2.00
mesotidal	$2.00 \leq \text{Thb} \leq 4.00$
makrotidal	Thb > 4.00

oder sogar vierteltäglich dominiert sind, also ein, zwei oder sogar vier Tidehochwasser pro Tag erleben.

3.1 Die astronomischen Ursachen der Gezeiten

Mit den komplexen Zusammenhängen zwischen Erde, Mond, Sonne und den Gezeiten haben sich im Laufe der Menschheitsgeschichte viele der größten Denker befasst. Dieser grundsätzliche Zusammenhang wird als Erfahrungswissen bereits in über 3000 Jahren alten heiligen Schriften des Hinduismus thematisiert, aber naturwissenschaftlich erst wieder um 1590 von Simon Stevin (1548/49–1620) aufgegriffen. Johannes Keppler (1596–1650) erweiterte Stevins Arbeit um den Aspekt der Gravitation, bevor Isaac Newton (1642–1727) durch sein Newtonsches Gravitationsgesetz den Zusammenhang zwischen variierenden Gezeitenwasserständen und der Position von Mond und Sonne mathematisch herleiten konnte (Newton (1687); Pugh (1987)). Auch Galileo Galilei (1564–1641) und Rene Descartes (1596–1650) befassten sich ausführlich mit dem Tideverhalten der Ozeane, wenn auch ihre Schlussfolgerungen letztlich nicht korrekt waren. Weitere bedeutende Denker, die Newtons Überlegungen weiter verfeinerten, ausführten und bis dahin ungeklärte Prozesse erklären konnten, waren Daniel Bernoulli (1700–1782), Leonhard Euler (1707–1783), Pierre-Simon Laplace (1749–1827), Thomas Young (1773–1829) und William Thomas, besser bekannt als Lord Kelvin (1824–1907).

Basierend auf Newtons Gravitationsgesetz kann die Ursache der Gezeiten mathematisch beschrieben werden:

$$F = G \cdot \frac{m_2 \cdot m_1}{r^2} \qquad \text{(Formel 1)}$$

Die Kernaussage dieser Formel lautet, dass jede Masse m_1 [kg] jede andere Masse m_2 [kg] im Universum mit einer Kraft F [N] anzieht, deren Größe ausschließlich vom Produkt der beiden Massen und dem quadrierten Abstand r [m] ihrer Mittelpunkte abhängt. Daher dreht sich der Mond um die Erde und das Erde-Mond-System um die Sonne. G steht dabei für die Gravitationskonstante, eine Naturkonstante mit dem Wert $6{,}67 \cdot 10^{-11}$ [N·m²·kg⁻²]. Tatsächlich ist auch diese Betrachtungsweise leicht vereinfacht, da diese Formel eigentlich nur für jedes einzelne Partikel der beteiligten Massen getrennt angewendet werden darf. In der Tideforschung bedient man sich daher einer physikalischen Hilfskonstruktion, in der man in Übereinstimmung mit dem Gaußschen Gesetz davon ausgeht, dass sich die beteiligten Massen auf einen einzigen Punkt im Zentrum ihrer Sphäre konzentrieren, dem Massenmittelpunkt (Pugh & Woodworth, 2014). Dieser wird häufig ebenfalls vereinfachend als der geometrische Erdmittelpunkt angenommen. Diese zunächst zielführende Vereinfachung ist jedoch zwingend bei der Berechnung der Tidekräfte zu berücksichtigen, wie im weiteren Verlauf noch dargestellt wird. Hier wird zunächst eine verständnisorientierte Herleitung der grundsätzlichen Zusammenhänge angestellt und anschließend für den interessierten Leser der mathematisch-physikalische Hintergrund genauer erläutert.

Newtons Gravitationsgesetz kann zunächst vereinfachend auf das System Erde-Mond angewendet werden, bevor das System Erde-Mond-Sonne betrachtet wird. Die Masse der Erde und des Mondes können mit etwa $5{,}97 \cdot 10^{24}$ bzw. $7{,}35 \cdot 10^{22}$ kg als konstant angesehen werden, ebenso wie die Gravitationskonstante. Der einzige veränderliche Faktor ist also der Abstand r zwischen Erde und Mond. Dieser wird häufig gemittelt mit 384.400 km angegeben, variiert im Allgemeinen aber zwischen knapp 360.000 km und über 400.000 km aufgrund der elliptischen Umlaufbahn des Mondes. Tatsächlich sind auch noch etwas größere bzw. kleinere Wert aufgrund anderer astronomischer Faktoren möglich, diese spielen jedoch für das grundsätzliche Verständnis nur eine untergeordnete Rolle. Bezogen auf einen fixen Punkt am Himmel („Fixsternhimmel") braucht der Mond im Mittel 27,32 Tage, um die Erde einmal zu umrunden. Aufgrund des veränderlichen Abstandes r [m] während seiner Erdumrundung variiert also auch die Gravitationskraft, die der Mond auf die Erde auswirkt. Da sich der Mond nicht nur um die Erde dreht, sondern sich das Erde-Mond-System gleichzeitig auf einer ebenfalls elliptischen Bahn um die Sonne dreht, treten hier analog dazu dieselben Effekte auf. Der Abstand zwischen Erde und Sonne variiert dabei in etwa zwischen 147 und 152 Mio. km, wobei die Masse der Sonne mit etwa $1{,}99 \cdot 10^{30}$ kg bedeutend größer ist. Zum besseren Verständnis soll folgendes Bild dienen: Wenn der Mond in seiner Querschnittsfläche dem Durchmesser eines Tischtennisballs entspräche, wäre die Fläche der Erde entsprechend einem Tischtennisschläger in 4 m Abstand. Die Sonne wiederum hätten dann einen Durchmesser von 15 m, was in etwa einem fünfstöckigen Gebäude entspricht, und würde sich in einem Abstand von etwa 5 km befinden (Pugh, 1987). Aufgrund der stark unterschiedlichen Distanzen und Massen von Mond und Sonne ist die von ihnen erzeugte Gravitationskraft nicht identisch. Außerdem wirken sie durch die elliptischen Umlaufbahnen und damit Distanzen zeitlich veränderlich und überlagern sich gegenseitig, je nachdem wie Erde, Mond und Sonne relativ zueinanderstehen. Es sind genau diese veränderlichen Anziehungskräfte, welche auf die Erde und damit auch auf ihre großen Wasserflächen, die Ozeane, wirken und damit die Gezeiten verursachen. Die Wassermassen werden wortwörtlich zu unterschiedlichen Zeiten in unterschiedliche Richtungen gezogen.

Zusätzlich zu diesen rein gravitativen Effekten spielen auch Fliehkräfte eine große Rolle für der Entstehung der Tiden. Die oben vertretene und allgemein verwendete Vereinfachung, dass sich der Mond um die Erde dreht, muss etwas genauer betrachtet werden. Tatsächlich rotieren Erde und Mond um ihren gemeinsamen Massenschwerpunkt, wobei die Erde zusätzlich ihre eigene Erdrotation aufweist. Aufgrund der signifikant höheren

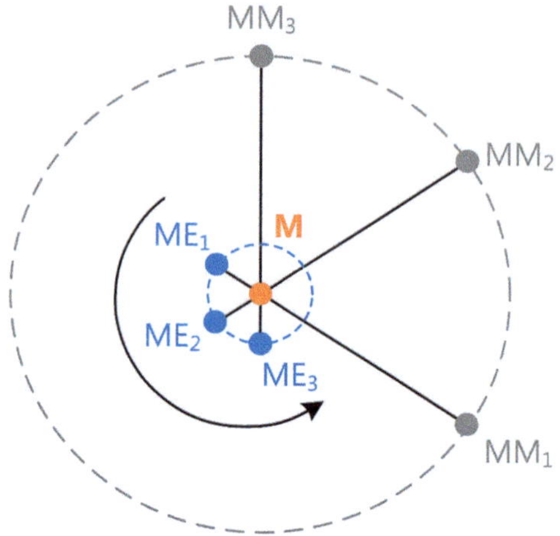

Abb. 3.3 Schematische Darstellung der Bewegung von Mond (MM) und Erde (ME) um ihren gemeinsamen Massenschwerpunkt M

Masse der Erde in diesem System liegt der gemeinsame Massenschwerpunkt innerhalb des Erdkörpers, und zwar etwa 4671 km entfernt vom geometrischen Zentrum der Erde. Die Drehung des Massenschwerpunkts der Erde (MEi) und des Massenschwerpunkts des Mondes (MMi) um ihren gemeinsamen Massenschwerpunkt (M) ist in Abb. 3.3 dargestellt, wobei der Index i die verschiedenen Zeitpunkte angibt.

Diese Rotationen verursachen Fliehkräfte auf der Erde und erzeugen ein bewegliches, physikalisches System, auf das zusätzlich noch die bereits erläuterten Gravitationskräfte wirken. Alle diese verschiedenen Kräfte müssen als Superposition überlagert werden, um die resultierenden Gezeitenkräfte zu bestimmen. Zunächst soll diese Überlagerung erneut nur für das System Erde-Mond durchgeführt und dann um die Sonne erweitert werden.

Die Gravitationskräfte sind gemäß der obigen Herleitung entfernungsabhängig und damit nicht überall gleich. In Abb. 3.4a sind die unterschiedlich großen Gravitationskräfte als schwarze Pfeile dargestellt. Auf der dem Mond zugewandten Seite der Erde ist die Anziehungskraft größer als auf der dem Mond abgewandten Seite der Erde. Auch die Richtung der Gravitationskraft ist zu einem bestimmten Zeitpunkt von Ort zu Ort unterschiedlich, da sie immer zum Massenschwerpunkt des Mondes hin gerichtet ist. Im Gegensatz dazu sind die durch die Rotation der Erde um den gemeinsamen Massenschwerpunkt (M) entstehen Zentrifugalkräfte ortsunabhängig und für einen festen Zeitpunkt stets gleich gerichtet. Diese werden in Abb. 3.4b durch die roten Pfeile dargestellt. In Abb. 3.4c wird die vektorielle Überlagerung dieser Kräfte dargestellt, deren Superposition das theoretische Gezeitenpotenzial (grüne Pfeile) ergeben und schließlich die ebenfalls theoretische, da im vereinfachten System Erde-Mond nicht mit der Sonne überlagerten, lunare Tide in Abb. 3.4d.

Zum besseren Verständnis dieser Überlagerung kann eine theoretische Erde ohne Landmassen betrachtet werden, welche von einem Ozean vollständig bedeckt wird. Es existieren keine Reibungskräfte, keine Küstenlinie, keine maßgebliche Bathymetrie und

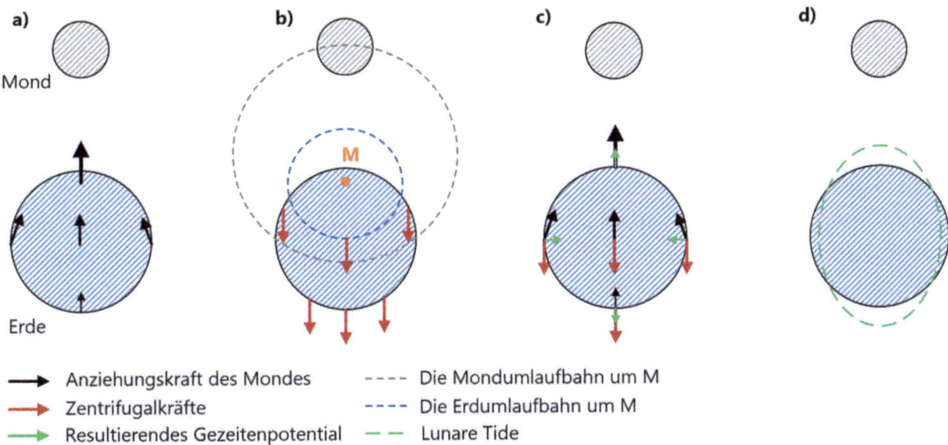

Abb. 3.4 Vereinfachte Darstellung der lunaren Gezeitenkräfte: (a) Anziehungskraft des Mondes, (b) Zentrifugalkräfte und gemeinsamer Massenschwerpunkt von Mond und Erde M, (c) Kräfte aus (a) und (b) und daraus resultierendes Gezeitenpotenzial, (d) lunare Tide als Überlagerung von (a) und (b). (©Leon Jänicke 2022. All Rights Reserved)

der gedachte Ozean folgt stets sofort den Änderungen der Gravitationskräfte Dieses Konstrukt nennt man die „ozeanische Erde". Auf einer solchen Erde würde die Überlagerung der Kraftvektoren aus Abb. 3.4c nur zwei große Gezeitenwellen erzeugen, welche den Globus stets auf gegenüberliegenden Seiten umrunden würden. Dieses theoretische Konzept, bei der die wirkenden Gezeitenkräfte auf einer ozeanischen Erde betrachtet werden, wird oft als Gleichgewichtstheorie nach Newton oder geläufiger als „Equilibrium Tide Theory" bezeichnet. Die auftretenden Amplituden der globalen Gezeitenwellen sind eher klein und entsprechen bei ihrem globalen Maximum am Äquator nur einem Tidehub von etwa 0,50 m (z. B. Pugh, 1987; Pugh & Woodworth, 2014). Hier zeigt sich, dass die realen Gezeiten offenbar stark von weiteren Effekten beeinflusst werden, da beispielsweise das Tidehochwasser in der Deutschen Bucht deutlich höher ist als nur 0,50 m. Ursächlich sind eine Vielzahl von Prozessen, wie beispielsweise die Ablenkung der Gezeitenwellen durch die in der Realität vorhandenen Landmassen, unterschiedliche Wassertiefen oder Flachwassereffekte, die in Kap. 4 näher beschrieben werden. Auch wenn die Modellvorstellungen der Equilibrium Tide Theory damit eindeutig nicht der Realität entsprechen, erklärt sie doch sehr genau die theoretischen Auswirkungen astronomischer Effekte auf die Gezeitendynamik der Erde.

Nachfolgend wird das System Erde-Mond durch die Sonne ergänzt. Die physikalischen Mechanismen des Einflusses der Sonne auf die ozeanischen Gezeiten der Erde sind analog zum Einfluss des Mondes, da die zugrunde liegenden physikalischen Prinzipien für ein Rotationssystem aus 2 oder 3 Himmelskörpern die gleichen bleiben. Auch hier gibt es Zentrifugalkräfte um den gemeinsamen Massenschwerpunkt (von Erde, Mond und Sonne) sowie Gravitationskräfte. Nach dem Ansatz der Equilibrium Tide Theory kann ein Erde-Sonne-System analog zum Erde-Mond-System betrachtet werden, wobei die Sonne dann ebenfalls zwei Ausbuchtungen auf gegenüberliegenden Seiten der Erde verursacht. In der Realität kommt es zu einer Überlagerung der Gravitation von Mond und Sonne, wie in Abb. 3.5 dargestellt ist.

Da die Zentrifugal- und Gravitationskräfte von Sonne und Mond unterschiedliche Größen und Richtungen haben, unterscheiden sich die resultierenden Tiden in Amplitude und Phase (Abb. 3.5a). Es ist zu erkennen, dass die solare Tide (gelb) niedriger als die lunare Tide (grün) ist und das sich die beiden Tiden entsprechend der Positionen von Mond und Sonne zur resultierenden Tide (blau) überlagern. Da es sich bei Mond und Sonne um die beiden dominanten Einflüsse auf das Tidegeschehen der Erde handelt, sind die Extrempunkte des Systems in Abb. 3.5b und 3.5c von Bedeutung. Wirkt die Gravitation von Sonne und Mond auf einer Linie, was zu Neumond und Vollmond der Fall ist, kommt es zu einer rein additiven Überlagerung und damit zu besonders hohen Tidehoch- und besonders niedrigen Tideniedrigwassern. Diese Tide wird dann als Springtide oder manchmal auch als Springflut bezeichnet. Wirken die Gravitationen von Sonne und Mond dagegen entgegensetzt, wie in Abb. 3.5c dargestellt wird, resultiert ein besonders hohes Tideniedrigwasser und ein besonders niedriges Tidehochwasser. Dieser Umstand wird als Nipptide bezeichnet. Im Falle einer Springflut gibt es keine Phasenverschiebung zwischen den Kraftvektoren der Gravitation, sie wirken auf einer Linie. Bei einer Nipptide beträgt die Phasenverschiebung 90° und die resultierende Flut ist minimal. Die relativen Positionen der drei Himmelskörper zueinander, die diesen Extrempunkten des Systems

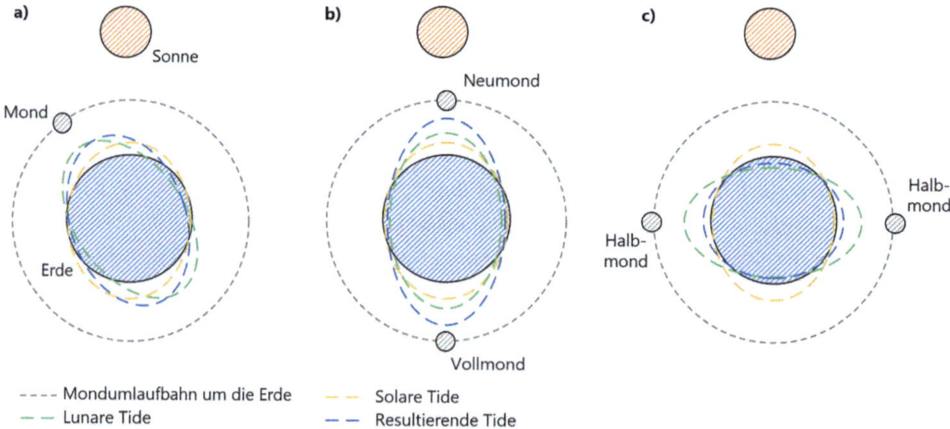

Abb. 3.5 Vereinfachte Darstellung der lunaren und solaren Gezeitenkräfte im System Erde-Mond-Sonne, (a) Grundprinzip der Überlagerung von lunaren und solaren Gezeiten, (b) Extrempunkt Springflut, (c) Extrempunkt Nippflut. (©Leon Jänicke 2022. All Rights Reserved)

entsprechen, wiederholen sich periodisch alle 14,77 Tage und werden als Spring-Nipp-Zyklus bezeichnet (Pugh & Woodworth, 2014). Der Einfluss des Spring-Nipp-Zyklus ist global unterschiedlich stark ausgeprägt, kann aber erheblich sein. Er führt beispielsweise in Newyln in Großbritannien zu einer Verdoppelung des astronomischen Tidehubs von 2 auf 4 m innerhalb von 7,4 Tagen. In der Deutschen Bucht verändert sich der Tidehub beispielsweise am Pegel Helgoland im selben Zeitraum von etwa 1,9 m auf 2,7 m.

3.2   Das Konzept der Partialtiden

Im Prinzip verdeutlichen die obigen Überlegungen bereits, dass für eine korrekte Berechnung und Vorhersage der Gezeiten eine Überlagerung mehrerer Gravitationskräfte notwendig ist. Neben den unterschiedlichen Einflüssen von Mond und Sonne wird die Berechnung dadurch erschwert, dass eine analytische Lösung nur als Summe harmonischer, mathematischer Funktionen möglich ist, wie als erstes von Laplace erkannt wurde. Dies würde physikalisch einer rein kreisförmigen Umlaufbahn entsprechen, die zusätzlich stets in einer Bahnebene mit dem Äquator verlaufen müsste, also einem stark vereinfachten System wie beispielsweise in Abb. 3.5 dargestellt.

Wie in Abschn. 3.2 dargestellt wurde, werden diese Bedingungen jedoch von den tatsächlichen Bahnen der Himmelskörper nicht erfüllt, da diese eher elliptisch und leicht unregelmäßig sind. Außerdem verlaufen ihre Bahnebenen schief zur Äquatorialebene der Erde und unterliegen zudem noch eigenen Schwingungen. Für eine korrekte analytische Berechnung der Gezeiten ist es daher notwendig, die wirkenden Kräfte nicht nur nach Himmelskörper zu trennen, sondern auch nach verschiedenen Eigenschaften des Himmelskörpers, z. B. verschiedenen Bahnunregelmäßigkeiten. Da diese zwar alle periodisch und damit vorhersagbar sind, aber zu unterschiedlichen Zeitpunkten auftreten, müssen nicht nur die Amplitude der Gravitation, sondern auch die zeitlichen Komponenten als sog. Phase berücksichtigt werden. Eine solche Überlagerung von Gezeiten unterschiedlichen Ursprungs, Amplituden und Phasen wurde erstmals von Lord Kelvin postuliert, der die zu überlagernden Komponenten der Gezeiten als „tidal constituents" (dt. und im Folgenden: Partialtiden) bezeichnet hat. Kelvin stellte die Gezeiten als Summe verschiedener periodischer mathematischer Terme dar und war der erste, der eine genaue Vorhersage der beobachteten Gezeiten nach modernen Standards erreichte (Pugh & Woodworth, 2014). Das Prinzip in anderen Worten: Addiert man alle Komponenten der Tide, d. h. alle Partialtiden, erhält man den astronomischen Anteil des Tidewasserstandes. Dieser ist eine theoretische Größe und entspricht nicht ganz dem gemessenen Wasserstand, da hier noch der meteorologische Anteil hinzukommt, also falls beispielsweise starker Wind das Wasser in Richtung Küste drückt.

Bevor der mathematische Hintergrund näher beleuchtet wird, soll auch hier zunächst anhand der untenstehenden Beispiele eine verständnisorientierte Herleitung erfolgen. In

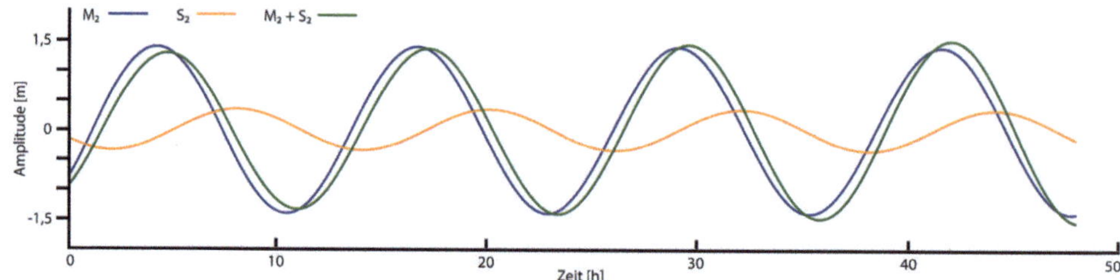

Abb. 3.6 Überlagerungen der beiden Partialtiden M2 (Mond, halbtägig, blau) und S2 (Sonne, halbtägig, gelb) sowie ihre Resultierende (Summe, grün) auf Basis des Pegels Cuxhaven im Jahr 2018

Abb. 3.6 sind zwei ausgewählte Partialtiden des Pegels Cuxhaven an der Deutschen Nordseeküste aus dem Jahr 2018 dargestellt. In Blau dargestellt ist der Wasserstand, der sich ergeben würde, wenn nur der Mond mit rein kreisförmiger Umlaufahn in der Äquatorialebene wirken würde. Flut und Ebbe würden sich regelmäßig abwechseln und genau der Umlaufzeit des Mondes entsprechen, d. h. jeweils ca. halbtäglich bzw. 2-mal täglich auftreten (M2). Die gelbe Funktion gibt dagegen den Einfluss der Sonne unter denselben Modellannahmen wieder. Da die Erde 24 h benötigt, um sich einmal um die eigene Achse zu drehen, resultieren auch hier etwa 2 Flutereignisse pro Tag (S2). Streng genommen existiert hier, da die Umlaufzeit des Mondes etwas länger als 12 h dauert, bereits ein Versatz von 50 min pro Tag. Addiert man beide Partialtiden, resultiert das grüne Tidesignal, was nun also die Tide beschreibt, die von Sonne und Mond unter den genannten Modellannahmen gemeinsam ausgelöst würde.

Eine derartige Zerlegung bzw. Superposition der realen Gezeit in verschiedene Partialtiden wird auch als harmonische Analyse oder Partialtidenanalyse bezeichnet, da das Gezeitensignal in eine Summe sinusförmiger Wellen unterteilt wird. Häufig werden die beiden dargestellten Partialtiden, M2 und S2, als die einzigen Partialtiden mit realem physikalischem Hintergrund betrachtet, da die übrigen Partialtiden hauptsächlich dazu dienen, die Abweichung der Umlaufbahnen von Mond und Sonne von der idealen Kreisbahn auf der Äquatorialebene zu beschreiben.

Wie oben erläutert, ist eine harmonische Analyse eigentlich nicht geeignet, um die tatsächlichen Bewegungen von Erde, Mond und Sonne zu reproduzieren, da sie auf der Überlagerung verschiedener Wellenfunktionen beruht und von einem streng kreisförmigen Verhalten der einzelnen Himmelskörper in der Äquatorialebene abhängt. Zusätzliche Partialtiden lösen dieses Problem, indem sie sogenannte Phantomsatelliten hinzufügen. Dabei handelt es sich um imaginäre Himmelskörper unterschiedlicher Masse und damit Gravitation, die sich auf verschiedenen Ebenen mit unterschiedlichen Geschwindigkeiten auf einer Bahn parallel zum Äquator bewegen oder auch an festen Positionen verharren. Anstatt also die Variationen der Mondbahn um die Erde in den mathematischen Gleichungen zu berücksichtigen, was eine harmonische Analyse unmöglich machen würde, werden rein theoretische Himmelskörper hinzugefügt, um das fehlende Verhalten zu imitieren.

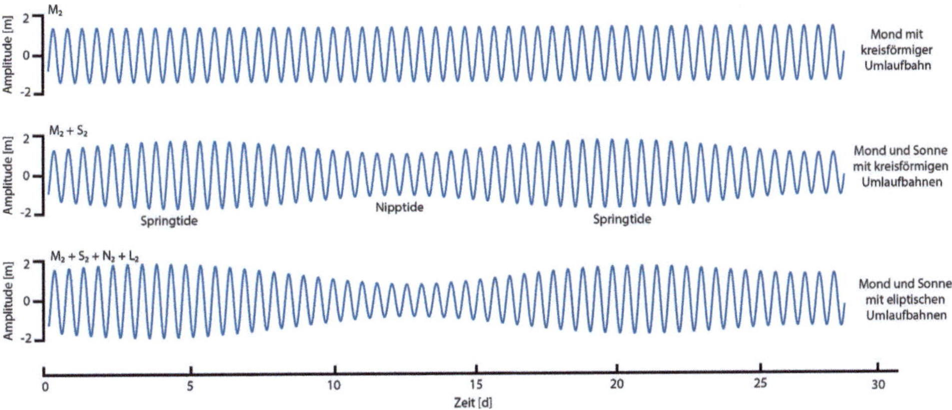

Abb. 3.7 Überlagerungen verschiedener Partialtiden auf Basis des Pegels Cuxhaven im Jahr 2018 zur Darstellung von Spring- und Nipptide

Diese werden so gewählt, dass ihre Gravitation die gleichen physikalischen Auswirkungen auf die Gezeiten hat wie die Bahnschwankungen der realen Himmelskörper. Diese Methode der Überlagerung kann am Beispiel der Partialtiden N2 und L2 weiter veranschaulicht werden. In Abb. 3.7 werden, erneut am Beispiel des Pegels Cuxhaven, zunächst die M2 und S2 Partialtide überlagert. Aufgrund des 50-minütigen Versatzes der Periode der beiden Gezeiten kommt es bei der Überlagerung der beiden Himmelskörper zum Auftreten von Spring- bzw. Nipptide. Wäre die Umlaufzeit des Mondes ebenfalls 12 h, so wären die Tideniedrig- und Hochwasser bei dieser Überlagerung konstant. In der dritten Zeile sind die Spring- und Nipptiden jedoch noch ausgeprägter. Die Umlaufbahn des Mondes um die Erde ist nicht kreisförmig, sondern elliptisch und folglich schwankt der Abstand zwischen Erde und Mond über einen Zeitraum von 27,55 Tagen zwischen dem geringsten (Mondperigäum, stärkere Mondgezeitenkraft) und dem größten Abstand (Mondapogäum, schwächere Mondgezeitenkraft). Diese 27,55-Tage-Abweichungen von der Umlaufbahn sind nicht zu vernachlässigen, da sie etwa 20 % der Amplitude der M2-Komponente erreichen können. Da sich eine elliptische Bahn jedoch nicht in eine harmonische Darstellung umschreiben lässt, wurde ein fiktiver Himmelskörper und eine daraus resultierende fiktive Gezeitenkomponente N2 eingeführt. Außerdem bewirkt die elliptische Mondbahn nicht nur eine Änderung des Abstands zwischen Mond und Erde, sondern auch eine Änderung der Umlaufgeschwindigkeit des Mondes. Das Ergebnis wäre eine Phasenverschiebung von M2 mit einer Abhängigkeit der Amplitude von der Bahngeschwindigkeit. Um diesem Effekt Rechnung zu tragen, wurde eine zusätzliche Gezeitenkomponente L2 eingeführt. Kombiniert man die Gezeitenkomponenten M2, N2 und L2, so erhält man einen Gezeitenwert, der sowohl die Umlaufbahn des Mondes um die Erde an einem Mondtag als auch die elliptische Form dieser Bahn innerhalb eines Zyklus von 27,55 Tagen berücksichtigt. Um es kurz und bündig zusammenzufassen: Ausgehend

Tab. 3.2 Klassifizierung des Tideregimes nach Foreman (1977)

Gezeitenregime	Formfaktor [$-$]
Halbtäglich	$0.00 \leq F \leq 0.25$
Gemischt	$0.25 < F \leq 3.00$
Täglich	$F > 3.00$

von einer kreisförmigen Umlaufbahn von Mond und Sonne auf der Äquatorialebene wird für jede unrunde oder schiefe Bewegung ein fiktiver Himmelskörper eingeführt, da die astronomische Tide so ausreichend genau und vor allem mit relativ wenig Rechenaufwand bestimmt werden kann.

Partialtiden werden auch verwendet, um die Charakteristika einer Tidewelle zu klassifizieren. Dazu werden die Amplituden der beiden wichtigsten halbtäglichen Partialtiden M2 und S2 ins Verhältnis zu den wichtigsten täglichen Partialtiden K1 und O1 gesetzt, wobei diese den Einfluss der zur Ekliptik geneigten Mondbahn, d. h. der Deklination, beschreiben. Dieses Konzept geht ursprünglich auf Dietrich (1963) zurück und beschreibt einen Formfaktor F mit der folgenden Gleichung und Klassifikation (Tab. 3.2):

$$F = \frac{K_1 + O_1}{M_2 + S_2} \qquad \text{(Formel 2)}$$

Diese verständnisorientierte Herleitung kann auch mathematisch untermauert werden. Basierend auf den Vorgaben der Equilibrium Tide Theory kann die auftretende astronomische Tide als Summe aller Partialtiden interpretiert (harmonische Analyse) und wie folgt berechnet werden:

$$TV(t) = \sum_{n=1}^{N} H_n \cdot \cos\left(\sigma_n \cdot t - g_n\right) [m] \qquad \text{(Formel 3)}$$

Die Tidevariation TV [m] zu einem bestimmten Zeitpunkt t [h] entspricht der Summe aller harmonischen Partialtiden N. Diese werden jeweils aus ihren Amplituden H_n [m] sowie aus ihrer Winkelfrequenz σ_n [°/h] und ihrer Phasenverschiebung g_n [h] berechnet. Die Phasenverschiebung bezieht sich traditionell meist auf den Nullmeridian in Greenwich (Großbritannien). Die Winkelfrequenz bezeichnet die Fortschrittsgeschwindigkeit, die sich wiederum aus der Astronomie ergibt. Für die die rein lunare M2-Gezeit ergibt sie sich aus dem Mondtag, hier definiert als die Zeitspanne zwischen zwei Mondaufgängen an einem bestimmen Ort. Dieser Zeitraum ist etwa 50 min länger als 24 h (eine Erdumdrehung), da der Mond die Erde in der Drehrichtung der Erde umkreist. Um also einen Umlauf vom 360° in 24 h 50 min zu bewältigen, muss der Mond sich mit einer Geschwindigkeit von $\frac{360}{24{,}83} = 14{,}49 \frac{°}{h}$ fortbewegen. Hieraus resultiert auch das bereits dargestellt Tideverhalten in weiten Teilen der Nordsee mit etwa 2 Tidehoch- bzw. Tideniedrigwasserereignissen pro Tag. Neben diesem Mondtag von 24 h und 50 min sind weiterhin der Lunarmonat (entspricht in etwa der Umrundung der Erde durch Mond) mit

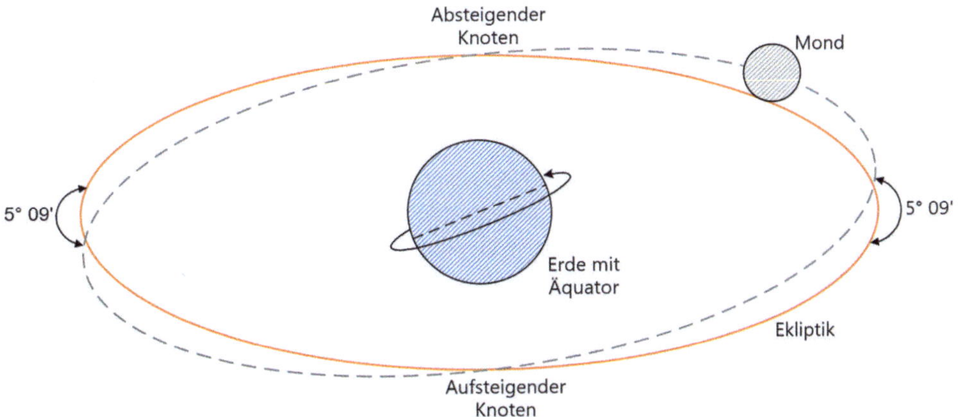

Abb. 3.8 Vereinfachte Darstellung der astronomischen Ursachen des Nodalzyklus. (©Leon Jänicke 2022. All Rights Reserved)

27,322 Tagen und das tropische Jahr (entspricht in etwa der Umrundung der Sonne durch die Erde) mit etwa 365,24 Tagen von großer Bedeutung. Weiterhin existieren noch zwei langfristige astronomische Hauptperioden. Hierbei handelt es sich um die Erdnähe des Mondes (Perigäum) und die Deklination der Mondbahn. Erstere weist eine Periode von 8,85 Jahren auf und beschreibt die veränderliche Entfernung des Mondes zur Erde. Die Deklination der Mondbahn beträgt 18,61 Jahre und wird im Folgenden aufgrund ihrer hohen Bedeutung für die Tiden der Nordsee detailliert anhand von Abb. 3.8 erläutert. Sie wird häufig als Nodaltide oder Nodalzyklus beschrieben. Sie ist laut Wasserstraßen und Schifffahrtsverwaltung des Bundes (WEB2) die einzige astronomische Tide mit einer Periode von über einem Jahr, welche einen messbaren Einfluss auf das Tidegeschehen der Nordsee hat. Der Einfluss des Nodalzyklus auf das Gezeitenpotenzial wird im globalen Durchschnitt mit 3,7 % (Haigh et al., 2020) angenommen.

Ein wichtigstes Bezugssystem in der Astronomie ist die Ekliptik, d. h. die Ebene, in der die Erde die Sonne umkreist und die um 23° 27′ zum Erdäquator geneigt ist. Der Winkel zwischen der Mondbahn und der Ekliptik beträgt etwa 5° 09′. Daraus ergibt sich, dass in einem Zeitraum von 18,61 Jahren ein aufsteigender Knoten (bis zur maximalen Knotendeklination von 23° 27′ + 5° 09′ = 28° 36′) und ein absteigender Knoten (bis zur minimalen Knotendeklination von 23° 27′ − 5° 09′ = 18° 18′) auftreten. Vereinfacht formuliert ist der Mond durch seine vertikale Verschiebung je nach Zeitpunkt der Erde manchmal näher und manchmal ferner. In den letzten Jahren traten periodische Maxima 1959, 1978, 1997 und 2015 sowie Minima in den Jahren 1969, 1987, 2006 und 2025 auf. Diese Änderungen der Monddeklination haben einen großen Einfluss auf die Gezeitenkomponenten des Mondes und können die täglichen und halbtägigen Gezeitenkomponenten des Mondes je nach Wassertiefe und Position auf der Erde erheblich verändern (Pugh & Woodworth, 2014). Eine Quantifizierung dieser Nodaltide erfolgt in Kap. 4.

3.3   Quantifizierung des astronomischen Antriebs der Gezeiten

Für eine Quantifizierung der Gezeitenkräfte bzw. der Gezeitenbeschleunigungen von
Mond und Sonne wird ein physikalisch abweichender Ansatz zu dem oben geschilder-
ten Ansatz gewählt. Möchte man die resultierende Kraft ermitteln, ist es hilfreich, dass
Bezugssystem zu verändern. Während wir bisher von der Erde als Bezugssystem ausgegangen sind, d. h. es handelt sich um ein beschleunigtes System, erfolgen die folgenden
mathematischen Berechnungen in einem ruhenden Bezugssystem vom Massenmittelpunkt
aus betrachtet. Anstelle der oben dargestellten Überlagerung von Gravitations- und Zen-
trifugalkräften zur Darstellung des Tidepotenzials, welche deutlich anschaulicher ist, kann
somit auch die Differenz der wirkenden Gravitationskräfte zwischen Erdmittelpunkt und
Erdoberfläche gewählt werden. Der Unterschied besteht im Wesentlichen nur in der Wahl
zwischen ruhendem und bewegtem physikalischem Bezugssystem, beschreibt im Ergebnis
aber denselben Prozess.

Aufgrund der unterschiedlichen Distanzen und Massen von Mond und Sonne ist die
von ihnen erzeugte Gezeitenkraft nicht identisch. Berechnet man auf Basis mittlerer Werte
zunächst die Gravitationskraft nach Newtons Gravitationsgesetz (Formel 1), kommt man
zu dem Ergebnis, dass die Gravitationskraft der Sonne um den Faktor 178 größer ist:

$$F_{Mond} = G \cdot \frac{m_{Erde} \cdot m_{Mond}}{r_{Mond}{}^2} = 6{,}67 \cdot 10^{-11} \cdot \frac{5{,}97 \cdot 10^{24} \cdot 7{,}35 \cdot 10^{22}}{\left(384.400 \cdot 10^3\right)^2} = 1{,}98 \cdot 10^{20}\,\text{N}$$

$$F_{Sonne} = G \cdot \frac{m_{Erde} \cdot m_{Sonne}}{r_{Sonne}{}^2} = 6{,}67 \cdot 10^{-11} \cdot \frac{5{,}97 \cdot 10^{24} \cdot 1{,}99 \cdot 10^{30}}{\left(1{,}50 \cdot 10^{11}\right)^2} = 3{,}5 \cdot 10^{22}\,\text{N}$$

$$\frac{F_{Sonne}}{F_{Mond}} = \frac{3{,}5 \cdot 10^{22}}{1{,}98 \cdot 10^{20}} \approx 178$$

Diese Kräfte halten also den Mond in seiner Umlaufbahn um die Erde bzw. die Erde in
ihrer Umlaufbahn um die Sonne. Die wirkenden Gezeitenkräfte ergeben sich nun aus den
entstehenden Gezeitenbeschleunigungen. Man verwendet für eine vergleichende Betrachtung die Beschleunigungen anstelle der Kräfte, da eine Multiplikation der Beschleunigung
mit der betrachteten Wassermasse die resultierende Kraft ergibt. Damit ist diese von der
Menge des betrachteten Wassers abhängig, was jedoch für eine vergleichende Betrachtung keine Rolle spielt. Wichtiger sind die maximalen Auslenkungen des Wasserstandes,
deren Berechnung im Anschluss erfolgt. Um die Gezeitenbeschleunigungen zu ermitteln, muss man beachten, dass sich die Ozeane auf der Erdoberfläche befinden und damit
in einem Abstand von $\pm R$, dem Erdradius von etwa 6371 km, zum geografischen Mittelpunkt der Erde, je nachdem ob sich der betrachtete Punkt nun auf der mond- bzw.
sonnenabgewandten Seite der Erde befindet.

Die Gezeitenbeschleunigung ergibt sich aus der Differenz der wirkenden Gravitationskräfte im Massenmittelpunkt und auf der Erdoberfläche, wobei die Masse der Erde hier

in beiden Fällen wirkt und damit entfällt. Es ergibt sich erneut aus:

$$a_{Gezeiten} = G \cdot \frac{M}{(r \pm R)^2} - G \cdot \frac{M}{r^2}$$

Mithilfe von sog. Taylorreihen bzw. Maclaurin-Reihen kann gezeigt werden, dass sich die genannte Formel annähern lässt zu:

$$a_{Gezeiten} = \pm 2 \cdot R \cdot \frac{G \cdot M}{r^3}$$

Verzichtet man auf diese Annäherung und verwendet die Ausgangsformel, beträgt die Abweichung allerdings nur etwa $2{,}7 \cdot 10^{-8} \frac{m}{s^2}$ und ist damit für die hier dargestellten Zwecke vernachlässigbar. Eine genaue mathematische Herleitung kann beispielsweise Pugh & Woodworth (2014) entnommen werden. Es ergibt sich nun für den Mond bzw. die Sonne:

$$a_{Gezeiten,Mond} = \pm 2 \cdot 6.371.000 \cdot \frac{6{,}67 \cdot 10^{-11} \cdot 7{,}35 \cdot 10^{22}}{\left(384.400 \cdot 10^3\right)^3} \approx \pm 1{,}1 \cdot 10^{-6} \frac{m}{s^2}$$

$$a_{Gezeiten,Sonne} = \pm 2 \cdot 6.371.000 \cdot \frac{6{,}67 \cdot 10^{-11} \cdot 1{,}99 \cdot 10^{30}}{\left(1{,}50 \cdot 10^{11}\right)^3} \approx \pm 0{,}5 \cdot 10^{-6} \frac{m}{s^2}$$

Das Verhältnis der gezeitenerzeugenden Kräfte zueinander beträgt nun:

$$\frac{F_{Sonne}}{F_{Mond}} = \frac{0{,}5 \cdot 10^{-6}}{1{,}1 \cdot 10^{-6}} \approx 0{,}45$$

Es resultiert also, dass die Anziehungskraft der Sonne aufgrund ihrer enormen Masse zwar um den Faktor 178 größer ist, aufgrund der enormen Distanz zur Erde jedoch nur eine Gezeitenkraft von 45 % des Mondes erzeugt. Anders ausgedrückt ist der Einfluss des Mondes auf die Gezeiten in etwa um den Faktor 2,2 größer als der Einfluss der Sonne. Weiterhin ist erkennbar, dass die Gezeitenbeschleunigung des Mondes etwa neun Millionen. Mal kleiner ist als die Erdbeschleunigung von etwa $9{,}81 \frac{m}{s^2}$. Dies ist auch die Ursache dafür, dass die resultierenden Gezeitenkräfte nur auf großen Wasserflächen wie Ozeanen eine hohe Wirkung entfalten und selbst dann nur wenige Dezimeter Höhenunterschied direkt verursachen können. Die Tatsache, dass in der Natur teilweise deutlich größere Gezeiten beobachtet werden können, hat weitere Ursachen, welche im späteren Verlauf des Buches thematisiert werden. Tatsächlich haben gemäß diesen Überlegungen auch die übrigen Himmelskörper, wie beispielsweise die anderen Planeten unseres Sonnensystems, durch ihre Gravitation einen Einfluss auf die Tide. Da dieser Einfluss jedoch weitaus kleiner ist als derjenige der Sonne, wird er im Allgemeinen nicht berücksichtigt.

In einem nächsten Schritt ist die Frage nach der Höhe der resultierenden Gezeiten naheliegend. Aufgrund der unterschiedlichen Positionen von Mond und Sonne zum jeweilig betrachteten Zeitpunkt sowie der Überlagerung von horizontalen und vertikalen Kräften ist die Herleitung jedoch so komplex, dass verschiedene Ansätze existieren, die den Rahmen dieses Buches übersteigen würden. Als frei verfügbare Quelle sei die Arbeit von Bradt (2009) für eine genauere Herleitung genannt. Dennoch soll auch hier eine grobe Vorstellung der Größenordnung vermittelt werden. Es wird daher unter der Voraussetzung der Equilibrium Tide Theory die jeweils maximale, theoretische Wasserstandsänderung getrennt nach Mond und Sonne hergeleitet. Dies entspricht der Amplitude einer Wellenfunktion oder analog dem Tidehub der Tidewellen von Mond und Sonne, d. h. der Differenz aus Tideniedrig- und Tidehochwasser:

$$ h = \frac{3}{2} \cdot R^2 \cdot \frac{G \cdot M}{g \cdot r^3} \, [m] $$

Es ergibt sich für die Amplituden, d. h. den Tidehub der Tidewellen von Mond und Sonne:

$$ h_{Mond} = \frac{3}{2} \cdot 6.371.000^2 \cdot \frac{6{,}67 \cdot 10^{-11} \cdot 7{,}35 \cdot 10^{22}}{9{,}81 \cdot \left(384.400 \cdot 10^3\right)^3} \approx 0{,}536 \, [m] $$

$$ h_{Sonne} = \frac{3}{2} \cdot 6.371.000^2 \cdot \frac{6{,}67 \cdot 10^{-11} \cdot 1{,}99 \cdot 10^{30}}{9{,}81 \cdot \left(1{,}50 \cdot 10^{11}\right)^3} \approx 0{,}244 \, [m] $$

Dividiert man diese beiden Werte, erhält man wieder ein Verhältnis von etwa 45 %. Auch hier ist also feststellbar, dass, wie bereits erläutert, das gezeitenerzeugende Potenzial es Mondes ca. um den Faktor 2,2 größer ist als dasjenige der Sonne.

3.4 Die Reaktion der Ozeane auf die astronomischen Gezeitenkräfte

Die bisherigen Erläuterungen basieren auf der Equilibrium Tide Theory. Diese setzt eine rein ozeanische Erde mit konstanter Wassertiefe voraus. Daher ergeben sich aus den Wechselwirkungen zwischen Erde, Mond und Sonne zwei Gezeitenwellen, welche die Erde umrunden. Dieser Ansatz ist gut geeignet, um die wirkenden astronomischen Kräfte zu verstehen und mathematisch zu erklären, sozusagen den Antrieb des Systems; sie berücksichtigt aber nicht die tatsächliche Reaktion der Ozeane der Erde, die den Einfluss von Landmassen und variierende Wassertiefen beinhalten. Diese wird durch die Hydrostatik und die Hydrodynamik definiert und hat einen erheblichen Einfluss auf die tatsächlich auftretenden Gezeitenwasserstände. Das gilt auch für die oben dargestellten Berechnungen auf Basis der Gravitationskräfte, welche im Gegensatz zur Equilibrium Tide Theory die Phasenverschiebung nicht berücksichtigen. Ein Vergleich der Größenordnungen macht deutlich, dass die als Reaktion auf die antreibenden astronomischen Kräfte tatsächlich auftretenden Tidewasserstände im Vergleich zum idealisierten System der Equilibrium

Tide Theory oder auch der Berechnung auf Basis der Gravitation erhebliche Abweichungen zeigen: Selbst bei einer, aufgrund der verschobenen Phasen ohnehin inkorrekten, reinen Addition der oben berechneten Amplituden aus Mond und Sonne würde ein Tidehub von weniger als 0,8 m resultieren. Nach der Equilibrium Tide Theory kommt man auf Werte um 0,5 m am Äquator. In der Realität treten dagegen Tidehübe von bis zu 10 m auf, beispielsweise in der Bay of Fundy in Kanada, dem Bristol Channel im Vereinigten Königreich, der Bucht von Mont-Saint-Michel in Frankreich oder auch an der Argentinischen Ostküste (Pugh & Woodworth, 2014).

Die globale Verteilung und die unterschiedliche Topographie dieser Gebiete schließen eine monokausale, lokale Ursache für diese Abweichungen aus. Daher muss es verschiedene Faktoren geben, welche die tatsächlich auftretenden Tidewasserstände beeinflussen. Im Folgenden werden einige ausgewählte Effekte näher erläutert, um die beobachteten Tidewasserstände im Gegensatz zu den theoretischen Tidewasserständen des vorherigen Kapitels zu erklären. Eine vollumfängliche Beschreibung, wie sie etwa bei Haigh et al. (2020) nachzulesen ist, würde den Rahmen dieses Buches überschreiten, sodass hier nur die wesentlichsten Effekte, die in der Fachliteratur genannt werden, wiedergegeben werden.

Auf der größten globalen Skala können vielfältige Prozesse zu den Gezeitenwasserständen beitragen. Den offensichtlichen Unterschied zwischen einer rein ozeanischen und der tatsächlichen Erde bildet die Tektonik, d. h. die Lage und Form der Kontinente. Aber auch die unterschiedlichen Wassertiefen der Ozeane sind von entscheidender Bedeutung. Daneben werden die Meereisschilde der Erde, nichtlineare Wechselwirkungen als auch Strahlungseinflüsse häufig in der Literatur aufgeführt (z. B. Woodworth, 2010; Müller et al., 2011; Müller, 2012). Im Gegensatz zur Equilibrium Tide Theory gibt es aufgrund von Kontinentalplatten und Landmassen keine ozeanische Erde, sondern eher eine Vielzahl von miteinander verbundenen sehr großen Becken. Tatsächlich existiert nur im Antarktischen Ozean eine Wasserfläche, welche die Erde vollständig umspannt und selbst hier ist die Meerenge zwischen Südamerika und der Antarktis („Drakepassage") eine Engstelle mit erheblichen Auswirkungen. Da die Gezeitenwellen als periodische Schwingungen interpretiert werden können, reagieren sie empfindlich auf die Größe und Form der Becken. Die auftretenden Resonanzen und die Überlagerung sowohl einzelner als auch aufeinanderfolgender Gezeitensignale führen zu einem erheblichen Anstieg der Gezeitenamplituden (Haigh et al., 2020). Der Resonanzeffekt bei Tidewellen beschreibt, stark vereinfacht, das Phänomen, dass sich die Amplitude (also die Höhe) von Gezeitenwellen verstärkt, wenn die natürliche Schwingungsperiode eines Meeresgebiets mit der Periode der anregenden Gezeitenkraft übereinstimmt. Dies geschieht ähnlich wie beim Schaukeln auf einem Kinderspielplatz – wenn man im richtigen Rhythmus anschiebt, kann man immer höher schaukeln. Die Krafteinwirkung beim Anschubsen folgt nicht zwingend einer Sinuskurve – entscheidend ist lediglich, dass sie periodisch erfolgt. Zudem kann die Anregungsfrequenz auch einem ganzzahligen Bruchteil der Schwingungsfrequenz entsprechen, beispielsweise wenn nur jedes zweite oder dritte Mal ein Schub erfolgt. Dieser

Effekt findet auf verschiedenen Größenskalen statt und wird genauer am Ende dieses Kapitels erläutert. Umgekehrt zum Prinzip der Resonanz weisen Green et al. (2018) mithilfe komplexer Simulationen nach, dass sog. Superkontinente (beispielsweise Pangäa ca. 300 Mio. Jahre vor heute im Erdzeitalter Perm), d. h. die Anhäufung fast aller Landmasse zu einer einzigen Landfläche, zu sehr schwachen Tidehüben führt und die Gezeiten damals fast der Equilibrium Tide Theory entsprachen. Diese Berechnungen zeigen, dass eine Verringerung der auf die Erde einwirkenden Gezeitenfaktoren eine Annäherung an die theoretischen Werte der Equilibrium Tide Theory bewirkt.

Eine weitere Folge der Tektonik ist das Auftreten sog. amphidromischer Punkte oder Bereiche, welche aus der Geometrie der Landmassen im Zusammenspiel mit der Corioliskraft resultieren. Nach dem ersten Newtonschen Gesetz wird die Bewegung eines Körpers in Betrag und Richtung nur dann verändert, wenn eine Kraft auf diesen Körper wirkt (Newton, 1687). Dennoch scheint sich die Richtung einiger physikalischer Körper in großem Maßstab auf der Erde, wie z. B. Gezeitenwellen oder auch Hoch- und Tiefdrucksysteme in der Meteorologie, ohne eine solche äußere Kraft zu ändern. Dieser Effekt wird nicht durch eine Änderung der Gezeitenwelle verursacht, sondern durch eine Änderung des Bezugssystems Erde. Diesen Umstandbezeichnen wir als Corioliskraft. Damit ist die Corioliskraft streng physikalisch gesehen eigentlich eine sog. Pseudokraft. Pseudokräfte entstehen per Definition durch die Bewegung des sie umgebenden Bezugssystems, in diesem Fall durch die Rotation der Erde. Die Unterscheidung ist jedoch akademischer Natur, da der Unterschied zwischen Kraft und Pseudokraft für die beobachtete Ablenkung in der Natur keine Rolle spielt (Stewart, 2008). Vereinfachend kann man sich vorstellen, dass man auf einem sich drehenden Karussell sitzt und einen Ball von sich nach außen wegwirft. Für einen außerhalb stehenden Betrachter fliegt der Ball in grader Linie vom Karussell weg, aus Sicht der Person auf dem Karussell fliegt der Ball allerdings seitlich weg. Wobei sich nicht der Ball zur Seite bewegt hat, sondern die Person auf dem Karussell. Aus diesem Grund drehen sich beispielsweise Hochdruckgebiete auf der Nordhalbkugel mit dem Uhrzeigersinn und auf der Südhalbkugel gegen den Uhrzeigersinn. Auf einer rotierenden Erde bewegen sich damit sehr lange Wellen, wie beispielsweise Gezeitenwellen, in Abhängigkeit von der Corioliskraft, welche die Welle auf der Nordhalbkugel nach Osten (rechts in Bewegungsrichtung) und auf der Südhalbkugel nach Westen (links in Bewegungsrichtung) ablenken. Deshalb haben Gezeitenwellen auf der Nordhalbkugel einen Drehimpuls im Uhrzeigersinn und auf der Südhalbkugel einen Drehimpuls gegen den Uhrzeigersinn. Ausnahmen gibt es, wenn die Corioliskraft durch andere Einflüsse wie die Topografie oder große Strömungen überlagert wird und eine entgegengesetzte Drehbewegung entsteht, wie zum Beispiel im Südatlantik. Ein weiteres Beispiel findet sich im Nordatlantik, wo die nordwärts gerichtete Gezeitenwelle des Atlantiks nach Osten in die Nordsee einfließt, danach aber der Küstenlinie im Becken gegen den Uhrzeigersinn folgt (Pugh & Woodworth, 2014).

Der daraus resultierende Wasserstau führt zu einer veränderten Oberflächenhöhe und einem Potenzialgefälle, das im Gleichgewicht mit der Corioliskraft steht. Das entstehende Gefälle des Wasserspiegels ist dynamisch und wird nach seinem Entdecker Lord Kelvin als Kelvinwelle bezeichnet (Pugh & Woodworth, 2014). Kelvinwellen schaffen ein Gleichgewicht zwischen der Corioliskraft und der nächstgelegenen Berandung, z. B. einer Küstenlinie. Der Punkt, um den die Kelvinwelle rotiert, weist keine Verschiebung der Oberflächenhöhe auf und wird nachfolgend als amphidromischer Bereich bezeichnet. Diese Fläche wird häufig rein theoretisch für die einzelnen Partialtiden berechnet und dann im Schnittpunkt der Phasenlinien als amphidromischer Punkt bezeichnet, wie anhand der M2-Gezeit in Abb. 3.9 für die Nordsee dargestellt wird.

Das physikalische Wirkprinzip von Kelvinwellen wird in Abb. 3.10 skizziert. Auf der linken Seite der Abbildung ist dargestellt, dass in einem idealisierten System der Equilibrium Tide Theory ohne Erdrotation und Reibung keine Kelvinwelle und kein amphidromisches Gebiet existieren. In einem idealen System, das die Erdrotation einschließt, aber andere Effekte wie Reibung oder komplexere Geometrien ausschließt, bildet sich der amphidromische Punkt in gleichem Abstand vom linken und rechten

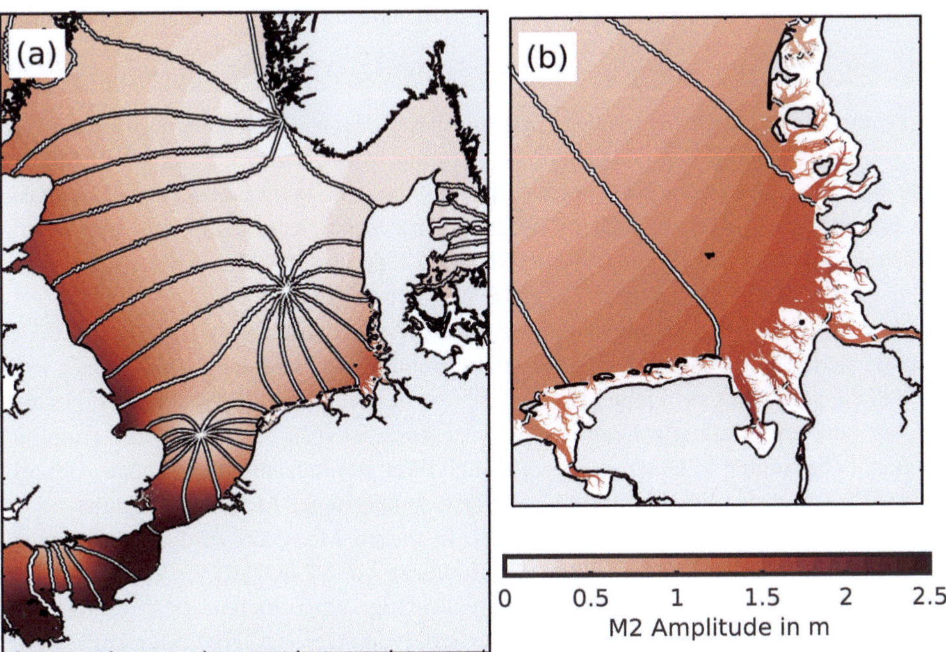

Abb. 3.9 Darstellung der Amplitude der dominanten Hauptgezeit M2 in Rot in der Nordsee (a) und in der Deutschen Bucht (b). Die Phase der M2 ist durch schwarz-weiße Konturlinien in 30°-Abständen angezeigt. Graue Flächen repräsentieren Land und weiße No-Data. Daten entnommen aus dem Jahr 2015 aus EasyGSH-DB (Hagen et al. 2020a)

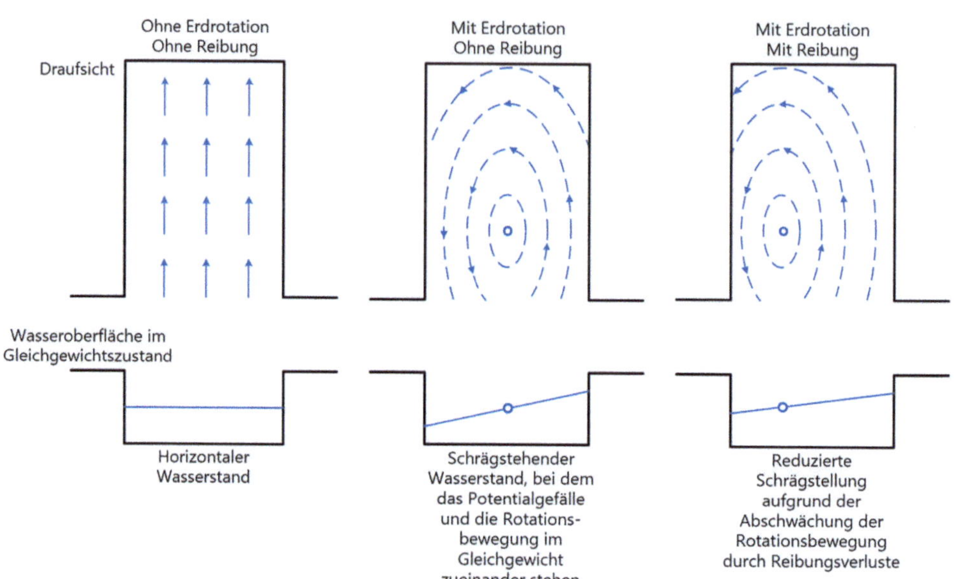

Abb. 3.10 Vereinfachte Darstellung der Wirkung von Erdrotation und Reibung auf die Gezeiten der Erde

Beckenrand (Abb. 3.10, Mitte). Die Schrägstellung des Wasserstandes repräsentiert den Potenzialunterschied durch die Rotationsbewegung. Auf der rechten Seite wird die Reibung berücksichtigt (Abb. 3.10, rechts). Die Kelvinwelle schwächt sich dann aufgrund von Energieverlusten durch Reibung während ihrer Rotationsbewegung ab, was zu einer Verschiebung der amphidromischen Punkte nach links auf der Nordhalbkugel und nach rechts auf der Südhalbkugel führt (Pugh & Woodworth, 2014).

Die Entdeckung der Kelvinwellen ist für die Gezeitenforschung von großer Bedeutung, da sie die Berechnung der Gezeiten als Drehung um einen amphidromischen Punkt ermöglicht, sofern ein ausreichender Abstand von den Beckenrändern, also den Landmassen, für eine unbeeinflusste Drehbewegung gegeben ist. Abb. 3.11 zeigt die Amplitude der bereits bekannten M2-Gezeit einschließlich ihrer amphidromischen Punkte. Derartige Daten werden in der Praxis mithilfe komplexer numerischer Modelle berechnet, in diesem Falle das Goddard Ocean Tide Model. In diesen Modellen wird der theoretische, astronomische Antrieb der einzelnen Partialtiden in ein Modell der Erde, welches mindestens die Kontinente und Wassertiefen berücksichtigt, eingespielt und die resultierenden Amplituden berücksichtigt, d. h. die Gesetze der Hydrostatik und Hydrodynamik werden, wenn auch stark vereinfacht, berücksichtigt. Die hohen Amplituden der M2-Gezeit im Gegensatz zur Equilibrium Tide Theory sind auf die Verteilung der Landmassen und auf Resonanzgründe zurückzuführen, da die Meerestiefe und die Verteilung der Landmassen heute nahezu resonant zu den halbtäglichen Gezeiten sind (Pugh, 1987). Die erheblichen

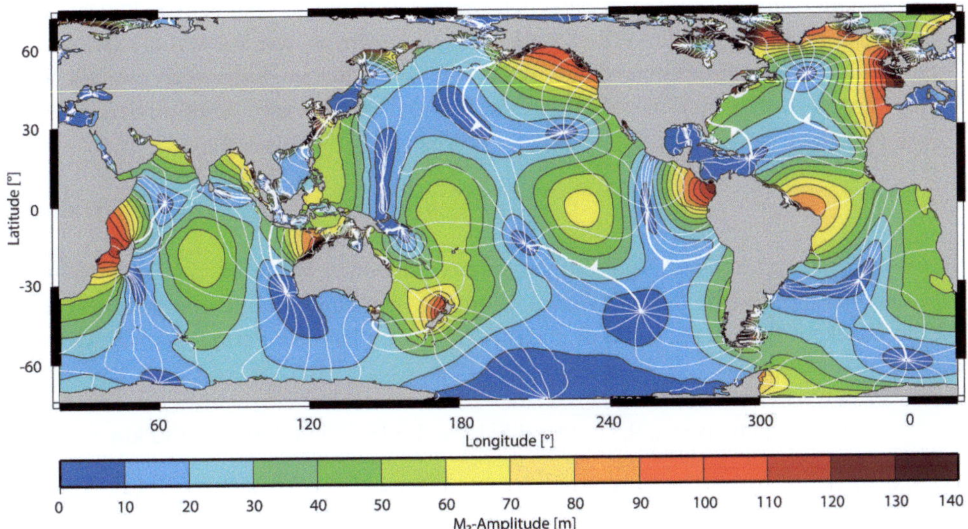

Abb. 3.11 Amphidromische Punkte und Amplituden der M2-Gezeit (NASA, 1999)

regionalen Abweichungen von der theoretischen maximalen Amplitude von etwa 0,5 m in der Equilibrium Tide Theory werden deutlich. Insbesondere im Westen des Vereinigten Königreichs (Bristolkanal) und im Westen Frankreichs (Bucht von Mont-Saint-Michel) sind ungewöhnlich große Amplituden von M2 zu beobachten. Ebenso sind hohe Amplituden in der kanadischen Provinz Nova Scotia (Bay of Fundy) und vor der östlichen Küste Argentiniens festzustellen. Diese hohen Werte von deutlich über 140 cm dürfen jedoch nicht darüber hinwegtäuschen, dass der tatsächliche Tidehub in diesen Gebieten eher im Bereich von 10 m liegt und somit zusätzlich von lokalen Faktoren stark beeinflusst wird.

Ein weiterer wichtiger Punkt, der zu den Gezeitenwasserständen auf globaler Ebene im Zusammenhang mit den ozeanischen Becken der Erde beiträgt, ist die begrenzende Eigenschaft der Wassertiefe. Nach der linearen Wellentheorie von Airy/Laplace kann die Phasengeschwindigkeit (Ausbreitungsgeschwindigkeit der hier betrachteten Wellen) von Wellen mathematisch in Abhängigkeit von der Wassertiefe h und der Wellenlänge L beschrieben werden:

$$v = \sqrt{\frac{g \cdot L}{2 \cdot \pi} \cdot \tanh\left(\frac{2 \cdot \pi \cdot h}{L}\right)} \left[\frac{m}{s}\right], \qquad \text{(Formel 4)}$$

Für sehr kleine x ist $\tanh(x) = x$, d. h. der $\tanh(x)$ entfällt und die Gleichung vereinfacht sich zu:

$$v = \sqrt{\frac{g \cdot L}{2 \cdot \pi} \cdot \tanh\left(\frac{2 \cdot \pi \cdot h}{L}\right)} = \sqrt{\frac{g \cdot L}{2 \cdot \pi} \cdot \frac{2 \cdot \pi \cdot h}{L}} = \sqrt{g \cdot h} \left[\frac{m}{s}\right]$$

Diese Vereinfachung ist für Gezeitenwellen weithin akzeptiert (Pugh & Woodworth, 2014; Malcherek, 2018), wenn die Wellenlänge deutlich größer als die Wassertiefe ist, was bei Tidewellen auf der Erde stets der Fall ist. Sie kann jedoch auch sehr einfach abgeleitet werden, wobei hier die Nordsee als Beispiel dienen soll. Multipliziert man die Geschwindigkeit v $\left[\frac{m}{s}\right]$ mit der Periode p $[s]$ erhält man die Wellenlänge L [m]:

$$L = \sqrt{g \cdot h} \cdot p \text{ [m]} \qquad \text{(Formel 5)}$$

In diese Gleichung 5 lassen sich nun die bereits bekannten Werte für die Wassertiefe der Nordsee und die Periode der M2-Gezeit eintragen. Die durchschnittliche Wassertiefe des Nordseebeckens liegt bei etwa 90 m und die M2-Gezeit hat eine Periode von 12,42 h oder 44.712 s:

$$L = \sqrt{g \cdot h} \cdot p = \sqrt{9{,}81 \cdot 90} \cdot 44712 = 1.328.555{,}969 \text{ m} \approx 1330 \text{ km}$$

Die resultierende Wellenlänge beträgt also ca. 1330 km. Betrachten wir nun den tanh aus Formel 4, ergibt sich, dass der Unterschied zwischen $\tanh\left(\frac{2 \cdot \pi \cdot h}{L}\right)$ und $\frac{2 \cdot \pi \cdot h}{L}$ kleiner als 10^{-9} ist und damit vernachlässigbar. Die vereinfachte Gleichung darf damit in der Nordsee angewendet werden, so dass nur die Wassertiefe für die Geschwindigkeit der Gezeitenwellen relevant ist. Aufgrund der geringen Wassertiefe im Vergleich zur großen Wellenlänge sind Gezeitenwellen daher wenig intuitiv per Definition sog. Flachwasserwellen. Die tiefste Stelle der Ozeane ist „nur" etwa 11 km tief und die durchschnittliche Ozeantiefe liegt bei etwa 4 km. Dies würde Wellenlängen von etwa 14.500 km bzw. 8900 km gegenüberstehen. Die Wellenlänge der dominanten M2-Gezeit ist auf der Erde also stets bedeutend größer als die Wassertiefe, sodass die vereinfachte Gleichung global näherungsweise korrekt ist. Berechnen wir nun die durchschnittliche Tidewellengeschwindigkeit für die durchschnittliche Ozeantiefe, ergibt sich:

$$v = \sqrt{g \cdot h} = \sqrt{9{,}81 \cdot 4000} \approx 198\,\frac{m}{s}$$

Die Drehgeschwindigkeit der Erde am Äquator in Richtung Osten beträgt etwa 463 m/s, die Fortschrittsgeschwindigkeit des Mondes in dieselbe Richtung beträgt etwa 1000 m/s. Da der Mond allerdings eine Umlaufbahn von etwa 2.415.256 km zurücklegen muss, ergibt sich von der Erde aus betrachtet eine Winkelgeschwindigkeit von 12,2° pro Tag bezogen auf eine Erdumdrehung von etwa 360° pro Tag. Diese würde im Vergleich zur Erdrotation 15,7 m/s entsprechen, d. h. man müsste sich mit etwa 450 m/s nach Westen bewegen, um stets genau unterhalb des Mondes zu verweilen. Dies entspricht der Antriebsgeschwindigkeit der Gezeiten. Am Äquator bewegt sich ein sublunarer Punkt also aufgrund der Rotation des Mondes um die Erde mit einer Geschwindigkeit von ~450 m/s nach Westen. Daraus ergibt sich eine Differenz von etwa 252 m/s zur möglichen Tidewellengeschwindigkeit aufgrund der unzureichenden Wassertiefe, da die Geschwindigkeit aus dem theoretischen Gezeitenpotenzial deutlich größer ist als die auf der Erde möglichen Gezeitenausbreitungsgeschwindigkeiten.

Die Wellen der theoretischen Gezeiten können aufgrund der vergleichsweise geringen mittleren Ozeantiefe von rund 4.000 m nicht mit der Umlaufgeschwindigkeit des Mondes Schritt halten, da ihre Ausbreitungsgeschwindigkeit durch das zu flache Wasser begrenzt ist. Tatsächlich sind nur im sehr tiefen und zusammenhängenden antarktischen Ozean die theoretischen und beobachteten Geschwindigkeiten fast identisch (Pugh & Woodworth, 2014). Die in den Ozeanen der Erde verfügbare Wassermenge führt also zu einer erheblichen Verringerung der Geschwindigkeit der Gezeitenwellen im Vergleich zur Theorie der Gleichgewichtsgezeiten, was zu weiteren Abweichungen von der tatsächlichen Gezeitenreaktion führt.

Ein weiterer Unterschied zwischen den Annahmen der Equilibrium Tide Theory und den tatsächlichen Ozeanen besteht in dem Vorhandensein großer Eisschilde an den Meeressrändern, sogenanntem Schelfeis. Im Prinzip handelt es sich um ähnliche Effekte wie bei der Tektonik, da das Meereis hier als Berandung des Meeres fungiert. Die Gezeiten der Ozeane können damit auch auf die geometrische Form dieser Eisschilde reagieren. Dieser Effekt ist insbesondere von den ausgedehnten antarktischen Schelfeisflächen bekannt. Padman et al. (2018) zeigen weiterhin anhand eines regionalen Gezeitenmodells, dass die Gezeitenströmungen in bestimmten Gebieten der Antarktis durch das Abschmelzen des Schelfeises deutlich abnehmen werden.

Auch die Interaktion der Gezeitenkräfte mit anderen, gezeitenfremden Prozessen kann zu signifikanten Abweichungen von der Equilibrium Tide Theory führen. Diese werden häufig unter dem Begriff nichtlineare Wechselwirkungen zusammengefasst. Vor allem in Schelfmeeren wie der Nordsee haben diese Effekte aufgrund der im Vergleich zum Ozean geringen Wassertiefe von oft weniger als 100 m einen großen Einfluss. Verallgemeinernd könnte man sagen: je niedriger der Wasserstand, desto höher der Einfluss der Bodenrauheit und damit der Bodenreibung auf die Bewegung des Wassers. Eine detaillierte Erläuterung erfolgt in Kap. 5 am Beispiel der Nordsee, da diese Effekte hier für die Tideentwicklung maßgeblich sind.

Auch Veränderungen der Dissipation und der Schichtung (Stratifikation) des Meeres können eine größere Rolle spielen (Müller, 2012). Der Begriff der Dissipation beschreibt dabei die dynamische Umwandlung von einer Energieform in eine andere, beispielsweise die Umwandlung der Bewegungsenergie einer Tidewelle durch Reibung in Wärmeenergie. Wenn Flachwasserwellen brechen oder auf Küstenlinien treffen, entstehen starke und chaotische Durchmischungsprozesse. Diese Prozesse führen ebenfalls dazu, dass die Bewegungsenergie des Wassers durch innere Reibung (beschrieben durch die Viskosität) dissipiert und in Wärme umgewandelt wird. Müller et al. (2012) zeigten, wie saisonale Schwankungen in der Schichtung aufgrund der veränderten Viskositätsverteilung in der Tiefe und der daraus resultierenden veränderten Umwandlung der kinetischen Energie eine Änderung der Gezeitenamplitude von bis zu 5 % auslösen können. Darüber hinaus weisen Arns et al. (2015) auf die allgemeine Bedeutung verschiedener nichtlinearer Beziehungen zwischen den einzelnen Parametern in Randmeeren hin, insbesondere auf die dynamische Reaktion der Meeresoberfläche auf meteorologische Einflüsse. Da die Meteorologie ein eigenes Forschungsgebiet ist und es auch große Überschneidungen mit anderen Geowissenschaften gibt, werden diese Wechselwirkungen hier nicht im Detail dargestellt, sondern nur die wichtigsten Aspekte erwähnt: Beispiele sind Sturmereignisse (z. B. Idier et al., 2019), saisonale Schwankungen von Strömungen und Winden (z. B. Devlin et al., 2018) sowie Klimaschwankungen wie die El Niño-Southern Oscillation (z. B. Devlin et al., 2014).

Der letzte hier zu erwähnende Effekt ist der Strahlungsantrieb durch die Sonne. Dabei geht es explizit nicht um die Gravitation der Sonne, die z. B. in der Gezeitenkomponente $S2$ repräsentiert ist und durch die Equilibrium Tide Theory gut berücksichtigt wird, sondern um die Auswirkungen der tageszeitlichen Erwärmung gegenüber der nächtlichen Kühlung des Oberflächenwassers. Die Erwärmung der Erde durch die Sonneneinstrahlung hat einen großen Einfluss auf meteorologische Kräfte, wie beispielsweise Schwankungen des Luftdrucks (Druckbelastung des Ozeans) und die Reaktion der Wasserstände auf diese Veränderungen (inverser Barometereffekt) sowie Schwankungen des Land-See-Windsystems (Rosenfeld, 1988; Ray & Egbert, 2004). Da diese meteorologischen Effekte aufgrund der unterschiedlichen Einstrahlung der Sonne am Tag und in der Nacht oder im Sommer und im Winter auch auf halbjährlicher und jährlicher Skala periodisch auftreten, werden sie oft als Strahlungsgezeiten bezeichnet.

Neben diesen globalen bzw. eher großräumigen Effekten gibt es viele verschiedene regionale Prozesse, die die Auswirkungen der astronomischen Gezeiten lokal beeinflussen. Obwohl es je nach den regionalen Bedingungen große Unterschiede gibt, können nach Haigh et al. (2020) allgemein zwei wichtige Prozesse genannt werden. Diese Prozesse sind Dissipation und Resonanz bzw. Reflektion. Was die Dissipation betrifft, so zeigen Friedrichs & Aubrey (1994) sowie Jay (1991) den Einfluss des Gleichgewichts zwischen Reibungseffekten und topographischer Trichterbildung in Ästuaren. Beim Einlaufen in Ästuare wird die Tide durch Bodenreibung gebremst, wobei Tideenergie dissipiert wird. Gleichzeitig führen Effekte, wie die Trichtergeometrie eines Ästuars, der Einfluss des Oberwassers, und zunehmende Reibungseffekte durch abnehmende Wassertiefe zur Aufteilung der Tide, was in Summe zur Vergrößerung des Tidehubs führt. Auch kann die unterschiedliche Bodenreibung in Küstengebieten (je nach vorherrschendem Boden) trotz identischem Gezeitenpotenzial zu unterschiedlichen Gezeiteneigenschaften führen. Diese Effekte werden in Kap. 5 als Flachwassereffekte näher betrachtet.

Reflektion und Resonanz wurden bereits im globalen Kontext erwähnt, sind aber auch auf lokaler Ebene von großer Bedeutung, insbesondere im Kontext von Flussmündungen und Tideflüssen (Ästuaren). Grundsätzlich können Resonanzen also auf verschiedenen Skalen auftreten, entweder weil die lokale Umgebung wie beispielsweise die Bay of Fundy zu Resonanzeffekten führt, oder auch das gesamte Ozeanbecken, was zu den hohen Tiden beiträgt, die aus dem Nordatlantik in die Nordsee eintreten. Trifft eine (Tide-)Welle auf ein Hindernis, wird die Welle partiell oder vollständig reflektiert und überlagert sich mit der weiter einlaufenden Welle. Erhöht sich die Amplitude der resultierenden Welle, spricht man von konstruktiver, reduziert sich die Amplitude, von destruktiver Überlagerung. Eine sog. Tideresonanz stellt sich dann ein, wenn sich die maximale Überlagerung als Folge eines bestimmen Verhältnisses zwischen Systemlänge und Wellenlänge ausbildet. Die Tideresonanz bildet damit eine wichtige Ursache für außergewöhnlich hohe Tidehübe in Randmeeren und Ästuaren. Diese Resonanzeffekte können durch Überlagerung lokal zu sehr großen Amplituden führen und tragen beispielsweise in der Bay of Fundy und im Bristol Channel massiv zu den hohen Tidewasserständen bei (Pugh & Woodworth, 2014). Die größte Verstärkung resultiert bei einem Verhältnis von 1:4 zwischen der Länge des Systems, beispielsweise eines Ästuars oder auch eines Ozeanbeckens, und der Wellenlänge der Tidewelle, da sich dann die Amplituden der einlaufenden und der reflektierten Welle maximal überlagern. Eine komplexe Herleitung kann Pugh & Woodworth (2014) entnommen werden, eine vereinfachte, aber eingängige Herleitung findet sich bei Hein et al. (2021). International wird dieser Umstand häufig auch als „Quarter Wavelength Criterion" bezeichnet. In Abb. 3.12 ist das Prinzip dargestellt.

Diese Betrachtungsweise ist stark vereinfacht, da hier die Reibung nicht berücksichtigt wird. So ist der Prozess des Aufschaukelns in der Natur begrenzt und nicht beliebig fortsetzbar, da die Reibungsverluste schneller ansteigen als die Amplitude der resultierenden Welle und den Prozess damit ausbremsen. Damit Tideresonanz in einem realen Ästuar überhaupt eintritt, muss zusätzlich die Bodenreibung in einem bestimmten, individuell unterschiedlichen Bereich liegen. Einerseits muss die Bodenreibung groß genug sein, um die Resonanzspitze zu verbreitern, da das Quarter Wavelength Criterion niemals genau erreicht wird und schon kleine Abweichungen die Resonanz verhindern würden, andererseits führt eine zu starke Bodenreibung zu einer drastischen Verringerung der Amplitude, wodurch eine signifikante Reflektion verhindert wird (Haigh et al., 2020). Godin (1993)

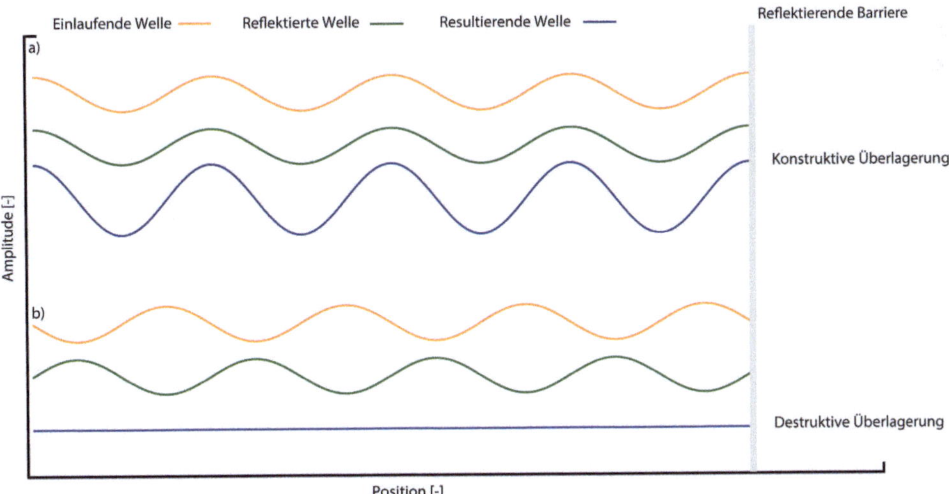

Abb. 3.12 Skizzenhafte Darstellung der Resonanzeffekte bei Flachwasserwellen mit a) konstruktiver und b) destruktiver Überlagerung.

zeigt außerdem, dass durch die Wechselwirkungen zwischen Ästuar und dem Rest des Ozeans das Quarter Wavelength Criterion ebenfalls unterkomplex ist. Trotz dieser Fülle an komplexen Effekten führen Veränderungen in Länge oder Tiefe eines gegebenen Ästuars zu Änderungen in den messbaren Gezeiten.

Insgesamt zeigt die große Anzahl an Reaktionen, Einflüssen und Wirkungen im ozeanischen System der Erde, dass die Reaktion dieses Systems auf die astronomischen Gezeitenkräfte erheblich von den theoretischen Werten der Equilibrium Tide Theory abweichen. Die beobachtbaren Gezeitenwasserstände zeigen große Diskrepanzen zum astronomischen Gezeitenpotenzial. Die Equilibrium Tide Theory eignet sich hervorragend für die Beschreibung der Gezeitenkräfte und ihrem astronomischen Antrieb, aber weniger für die quantitative Beschreibung realer Wasserstände. Da gleichzeitig die astronomischen Kräfte und damit ihr Gezeitenpotenzial ein streng periodisches und stationäres Verhalten aufweisen, können Veränderungen der Gezeiten, wie sie im späteren Verlauf des Buches erläutert werden, nur aufgrund einer sich ändernden Reaktion des ozeanischen Systems auftreten. Diese veränderliche Reaktion kann nicht durch die Equilibrium Tide Theory beschrieben werden, und die Notwendigkeit der Verwendung von tatsächlich gemessenen Wasserständen oder auch von numerischen Modellen, welche diese Veränderungen berücksichtigen können, wird deutlich.

Literatur

Arns, A., Wahl, T., Dangendorf, S., & Jensen J. (2015a). The impact of sea level rise on storm surge water levels in the northern part of the German Bight. Coastal Engineering, 96, 118–131. https://doi.org/10.1016/j.coastaleng.2014.12.002.

BAW (2025): Luftbildaufnahme aus der Jade vom Leuchtturm Arngast aus dem Jahr 2019, bisher unveröffentlicht. Bundesanstalt für Wasserbau – CC-BY 4.0.

Bradt, H. (2009): Tidal distortion: Earth tides and Roche lobes. Supplement to Ch. 4 of Astrophysics Processes (AP) by Hale Bradt, Camb U. Press 2008. Verfügbar unter https://www.cambridge.org/us/files/1913/6681/8626/7708_Tidal_distortion.pdf, abgerufen am 03.03.2025 17:01 Uhr.

Devlin A. T., Jay D. A., Talke S. A. and Zaron E. (2014). Can tidal perturbations associated with sea level variations in the western Pacific Ocean be used to understand future effects of tidal evolution?. Ocean Dynamics, 64(8), 1093–1120. https://doi.org/10.1007/s10236-014-0741-6.

Devlin, A. T., Zaron, E. D., Jay, D. A., Talke, S. A., & Pan, J. (2018). Seasonality of tides in Southeast Asian Waters. Journal of Physical Oceanography, 48, 1169–1190.https://doi.org/10.1175/JPO-D-17-0119.1.

Dietrich, G. (1963). General Oceanography. John Wiley & Sons Inc: Third Printing Edition. Interscience Publisher, ISBN 0470214503.

Foreman, M. G. G. (1977): Manual for Tidal Heights Analysis and Prediction. Pacific Marine Science Report 77–10 (2004 revision).

Friedrichs, C. T., & Aubrey, D. G. (1994). Tidal propagation in strongly convergent channels. Journal of Geophysical Research, 99(C2), 3321–3336. https://doi.org/10.1029/93JC03219.

Godin, G. (1993). On tidal resonance, Continental Shelf Research, (13)1, 89–107, ISSN: 0278-4343. https://doi.org/10.1016/0278-4343(93)90037-X.

Green, J. A. M., Molloy, J. L., Davies, H. S., & Duarte, J. C. (2018). Is there a tectonically driven supertidal cycle? Geophysical Research Letters, 45, 3568–3576. https://doi.org/10.1002/2017GL 076695.

Hagen, R., Plüß, A., Freund, J., Ihde, R., Kösters, F., Schrage, N., Dreier, N., Nehlsen, E., & Fröhle, P. (2020): EasyGSH-DB: Themengebiet – Hydrodynamik [Data set]. Bundesanstalt für Wasserbau. https://doi.org/10.48437/02.2020.K2.7000.0003,

Haigh, I. D., Pickering, M. D., Green, J. A. M., Arbic, B. K., Arns, A., Dangendorf, S., Hill D., Horsburgh, K., Howard, T., Idier, D., Jay, D. A., Jänicke, L., Lee, S. B., Müller, M., Schindelegger, M., Talke, S. A., Wilmes, S.-B., & Woodworth P. L. (2020). The Tides They Are a-Changin': A comprehensive review of past and future non-astronomical changes in tides, their driving mechanisms and future implications. Review of Geophysics, 58(1). https://doi.org/10.1029/2018RG000636.

Hein, S.S.V., Sohrt, V., Nehlsen, E., Strotmann, T. & Fröhle, P. (2021). Tidal Oscillation and Resonance in Semi-Closed Estuaries—Empirical Analyses from the Elbe Estuary, North Sea. Water 2021, 13, 848. https://doi.org/10.3390/w1306084.

Idier, D., Bertin, X., Thompson, P. & Pickering, M., D. (2019). Interactions Between Mean Sea Level, Tide, Surge, Waves and Flooding: Mechanisms and Contributions to Sea Level Variations at the Coast. Survey in Geophysics 40, 1603–1630. https://doi.org/10.1007/s10712-019-095 49-5.

Jay, D. A. (1991). Green's law revisited: Tidal long wave propagation in channels with strong topography. Journal of Geophysical Research, 96(C11), 20585–20598. https://doi.org/10.1029/91J C01633.

Malcherek, A. (2018). Gezeiten und Wellen In Küsteningenieurwesen und Ozeanographie. Springer Fachmedien Wiesbaden. https://doi.org/10.1007/978-3-658-19303-4.

Müller, M. (2011). Rapid change in semi-diurnal tides in the North Atlantic since 1980. Geophysical Research Letters, 48, 107–118. https://doi.org/10.1029/2011GL047312.

Müller, M. (2012). The influence of stratification conditions on barotropic tidal transport and its implication for seasonal and secular changes of tides. Continental Shelf Research, 47, 107–118. https://doi.org/10.1016/j.csr.2012.07.003.

NASA (1999). Goddard Space Flight Center. Special thanks to Dr. Richard Ray/Space Geodesy branch, NASA/GSFC. Online verfügbar unter https://svs.gsfc.nasa.gov/stories/topex/tides.html, abgerufen am 06.03.2025 15:21 Uhr.

Newton, I. (1687). Philosophiae Naturalis Principia Mathematica, London

Padman, L., Siegfried, M. R., & Fricker, H. A. (2018). Ocean tide influences on the Antarctic and Greenland ice sheets. Reviews of Geophysics, 56, 142–184. https://doi.org/10.1002/2016RG 000546.

Pugh, D. T. (1987). Tides, surges and mean sea-level: A handbook for engineers and scientists. Hoboken, NJ: John Wiley, ISBN 047191505X

Pugh, D., & Woodworth, P. (2014). Sea-level science: Understanding tides, surges, tsunamis and mean sea-level changes. Cambridge University Press, Cambridge, ISBN 9781107028197.

Ray, R. D., & Egbert, G. (2004). The global S1 tide. Journal of Physical Oceanography, 34(8), 1922–1935. https://doi.org/10.1175/1520-0485(2004)034<3C1922:TGST>2.0.CO;2

Rosenfeld, L. K. (1988). Diurnal period wind stress and current fluctuations over the continental shelf off northern California. Journal of Geophysical Research, 93(C3), 2257–2276. https://doi.org/10.1029/JC093iC03p02257.

Stewart, R. H. (2008). Introduction To Physical Oceanography. Prentice Hall: Texas. https://doi.org/10.1119/1.18716.

Talke, S. A., & Jay, D. A. (2020). Changing tides: the role of natural and anthropogenic factors. Annual Review of Marine Science, 12, 31479622. https://doi.org/10.1146/annurev-marine-010 419-010727.

[WEB1] https://de.wikipedia.org/wiki/Gezeiten, abgerufen am 06.09.2024 11:22 Uhr.

[WEB2] https://www.kuestendaten.de/Tideweser/DE/Allg_Infos/Glossar/Glossar_node.html, abgerufen am 03.03.2025 17:05 Uhr.

Woodworth, P. (2010). A survey of recent changes in the main components of the ocean tides. Continental Shelf Research, 30, 1680–1691. https://doi.org/10.1016/j.csr.2010.07.002.

Großräumige Veränderungen der Gezeiten der Nordsee 4

Inhaltsverzeichnis

Im vorherigen Kapitel wurden die astronomischen Kräfte als Antrieb des Tidegeschehens der Erde erläutert sowie die Abweichungen von der Equilibrium Tide Theory und ihre Ursachen in den real auftretenden Gezeiten geschildert. Dabei wird deutlich, dass verschiedene räumliche Skalen eine entscheidende Rolle spielen. Auf einer globalen Skala wirkt beispielsweise die Corioliskraft abhängig vom Breitengrad, während auf regionaler oder lokaler Ebene andere Faktoren wie Resonanzeffekte, die Beckengeometrie oder die Wassertiefe dominieren. Es ist daher ein grundlegender Unterschied, ob man einen großen und tiefen Ozean wie den Nordatlantik betrachtet oder ein vergleichsweise kleines, flaches Randmeer wie die Nordsee. Aber selbst innerhalb der Nordsee existieren kleinskalige, lokale Prozesse, die bedeutend sind – beispielsweise die Form eines Küstenabschnitts oder die Wassertiefe im Küstenvorland eines Tidepegels. Insbesondere anthropogene Eingriffe, wie der Bau eines Sperrwerks oder eines Hafenbeckens, beeinflussen die lokalen Tidewasserspiegel erheblich. Diese Unterteilung nach räumlicher Skala verdeutlicht, dass eine Analyse der Gezeitenveränderungen nicht auf einer einzelnen Betrachtungsebene erfolgen kann. Vielmehr müssen Effekte auf verschiedenen Skalen berücksichtigt werden, um ihre Wechselwirkungen zu verstehen. Dabei gibt es keine universell gültige Größenabgrenzung, beispielsweise in Quadratkilometern, da die Skaleneinteilung von der konkreten Fragestellung abhängt. Dennoch ist es hilfreich, zwischen groß- und kleinräumigen Effekten zu unterscheiden. Wichtig ist dabei, dass großräumige Veränderungen,

L. Jänicke und R. Lepper, *Die Tiden der Nordsee und ihre Veränderungen*,
https://doi.org/10.1007/978-3-658-48860-4_4

z. B. der mittlere Meeresspiegelanstieg in der Nordsee, Auswirkungen auf einzelne Tidepegel haben. Umgekehrt können lokal begrenzte Faktoren, wie die Form und Tiefe eines Ästuars, die dort gemessenen Tidekennwerte dominieren, ohne dass sie weit entfernte Pegelstationen beeinflussen. Dennoch wirken diese beiden Skalen nicht isoliert: Der Tidepegel in einem Ästuar wird sowohl von der lokalen Resonanz innerhalb des Ästuars als auch von großräumigen Veränderungen wie dem globalen Meeresspiegelanstieg beeinflusst. Die Analyse wird zusätzlich erschwert, wenn ein physikalischer Effekt auf mehreren Skalen auftritt. So kann beispielsweise eine Resonanz sowohl großräumig im Nordatlantik entstehen und über die Tidewelle in die Nordsee übertragen werden und zusätzlich lokal innerhalb eines Ästuars auftreten. Da Faktoren wie Topografie, Wassertiefe, Küstenmorphologie und die genaue Lage der Messstationen unterschiedlich wirken, sind großräumige Veränderungen nicht an jedem Messpegel gleich stark ausgeprägt und entsprechend schwer zu identifizieren. Dies zeigt, dass die Unterscheidung zwischen groß- und kleinräumigen Effekten nicht absolut ist, sondern ein Modell zur besseren Verständlichkeit darstellt. In der Realität überlagern sich die verschiedenen Einflussfaktoren an jeder Messstation, sodass die tatsächliche Veränderung immer das Zusammenspiel von Einflüssen auf verschiedenen Skalen widerspiegelt.

Neben dieser Unterscheidung nach der räumlichen Skala muss zwischen periodischen Schwankungen der Tide, wie beispielsweise dem bereits aus Kap. 3 bekannten Nodalzyklus sowie säkularen (nicht-periodischen) Trends unterschieden werden. Ein säkularer Trend ist eine langfristige Bewegung oder Richtung in Daten, typischerweise Jahre oder Jahrzehnte, wie beispielsweise der Anstieg des mittleren Meeresspiegels. Periodische Schwankungen dagegen sind in der Regel in den astronomischen Graviationskräften begründet und aufgrund der hohen Vorhersagbarkeit gut verstanden; so lässt sich beispielsweise selbst die Saisonalität von Tiden in letzter Konsequenz auf die Jahreszeiten und damit die Astronomie zurückführen. Zusätzlich finden sowohl groß- als auch kleinräumige Veränderungen der Tidedynamik, unabhängig von ihrer periodischen oder nicht-periodischen Charakteristik, auf unterschiedlichen zeitlichen Skalen statt. So muss der Spring-Nipp-Zyklus mit einer Periode von 14,8 Tagen beispielsweise anders berücksichtigt werden als der Nodalzyklus mit einer Periode von 18,6 Jahren. Zusammenfassend sollten bei einer Betrachtung der Veränderung des Tidegeschehens stets die räumliche und zeitliche Skala sowie die Periodizität der Schwankungen Berücksichtigung finden, da es sonst zu einer Verfälschung und Fehlinterpretation der Ergebnisse kommen kann.

Ein spannendes Beispiel für außergewöhnliche Gezeitenschwankungen auf großen und kleinen räumlichen Skalen ist die Nordsee. Während die Ursachen für lokale Veränderungen der Gezeiten im nachfolgenden Kap. 5 erläutert werden, sollen hier zunächst großräumige Veränderungen identifiziert und erläutert werden, von denen prinzipiell alle größeren Küstenabschnitte betroffen sind. Von besonders großem Interesse für die Forschung sind die Entwicklungen, die nicht-periodisch sind und damit keiner bekannten astronomischen Ursache zugewiesen werden können. Da die periodischen Schwankungen generell gut bekannt und vorhersagbar sind, werden sie häufig über die Bildung von Mittelwerten oder aber die Betrachtung eines geschickt gewählten Untersuchungszeitraums geglättet. Alternativ wird der astronomische Anteil am Gezeitensignal durch eine Partialtidenanalyse (harmonische Analyse) entfernt, um so die nicht-periodischen Veränderungen leichter zu entdecken. Dieses Vorgehen wird üblicherweise auf kürzeren Zeitskalen verwendet, um beispielsweise meteorologische Effekte zu detektieren. Das Residuum entspricht dann der Differenz aus der Summe aller Partialtiden (astronomischer Anteil) und dem tatsächlich gemessenen Wasserstand am Pegel (nicht-astronomischer Anteil). Zu den periodischen Schwankungen gehört auch das bekannte, halbtäglich auftretende Gezeitengeschehen an der Deutschen Nordseeküste. Der Unterschied zwischen Ebbe und Flut beträgt auf Helgoland etwa 2,5 m innerhalb von etwas mehr als 12,4 h, sodass diese Veränderung jeden auftretenden säkularen Trend um Größenordnungen übersteigt. Um diese gut bekannte und verstandene periodische Schwankung zu glätten, könnte man z. B. tägliche Mittelwerte verwenden.

Sind dagegen die Veränderungen der Tidehochwasserstände über Zeiträume von vielen Jahren oder Jahrzehnten von Interesse, bietet sich die Verwendung von mittleren Monatsoder sogar Jahreswerten an. Ein Blick auf kürzere, periodische Schwankungen zeigt, wie wichtig eine solche Glättung ist: Die Spring-Nipp-Variabilität kann in Helgoland den Tidehub innerhalb von 14,77 Tagen auf unter 0,6 m absenken oder auf über 2,7 m ansteigen lassen. Auch diese Entwicklung würde jeden säkularen Trend weit übersteigen und kann durch die Bildung monatlicher oder jährlicher Mittelwerte ausgeglichen werden. Betrachtet man monatliche Werte, kann in den Daten noch eine Saisonalität enthalten sein. Damit ist gemeint, dass unter anderem durch das Auftreten von Stürmen oder auch durch variierende Strömungsverhältnisse im Schnitt höhere Wasserstände im Winterhalbjahr auftreten können. Um diesen Effekt zu glätten, kann man von jedem Monatswert das langjährige Mittel subtrahieren.

Schwieriger ist der Ausschluss von langjährigen, periodischen Schwankungen wie dem Nodalzyklus. Eine Mittelung ist hier nicht zielführend, da ein Zyklus mit einer Dauer von 18,6 Jahren die Skala eines Untersuchungszeitraums von Jahren bzw. Jahrzehnten, insbesondere im Hinblick auf die zeitliche Verfügbarkeit von Messungen, häufig übersteigt. Es würden zu viele potenziell wichtige Informationen verloren gehen. Es gibt verschiedene Lösungsansätze für dieses Problem, welche meist auf statistischer Regression oder komplexen Verfahren zur Tideanalyse basieren.

Verwendet man keine Korrektur, kann es zum Auftreten scheinbarer säkularer Trends als statistisches Artefakt der astronomischen Kräfte kommen, wie in Abb. 4.1 dargestellt wird. Eine idealisierte und trendfreie Kurve der Nodaltide ist in blau dargestellt, beginnend mit einem Minimum im Jahr 1969 und endend mit einem Maximum im Jahr 2015. Die linearen, säkularen Trends werden durch die Nodaltide verzerrt, wenn sie nicht ein ganzzahliges Vielfaches von 18,6 Jahren umfassen. Sie sind jedoch nicht tatsächlich vorhanden, sondern resultieren nur aus einem eigentlich bekannten, periodischen Signal. Die berechneten Trends, die mit einem Minimum oder Maximum beginnen, erreichen die größten Über- oder Unterschätzungen, wenn eine Zeitreihe mit einer Länge von 0,5

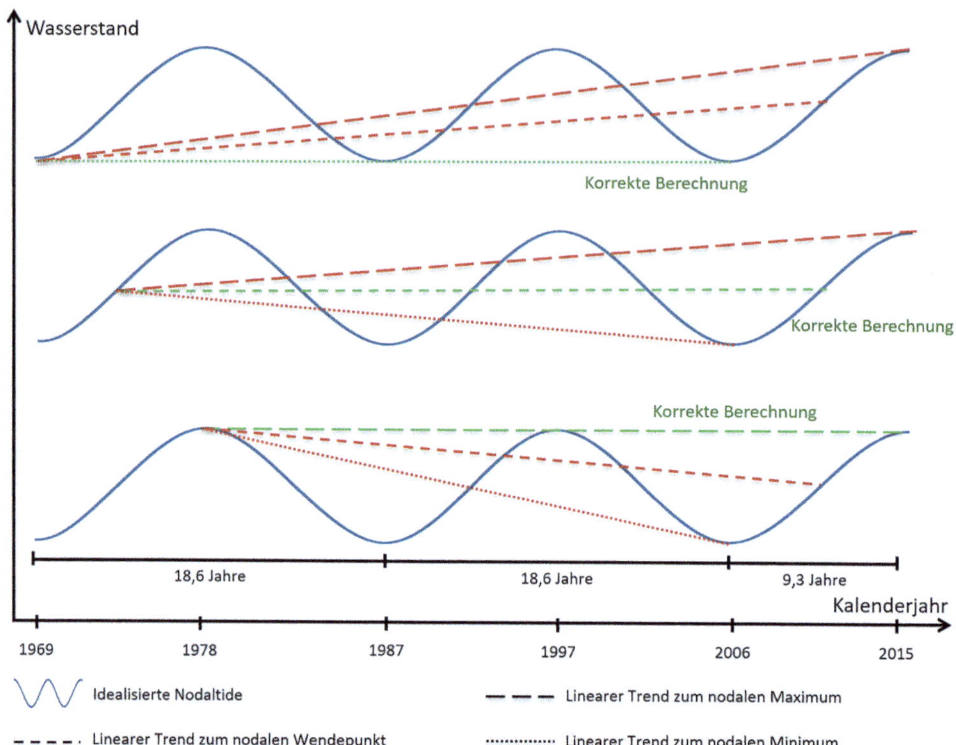

Abb. 4.1 Eine idealisierte und trendfreie Kurve der Nodaltide ist in blau dargestellt, beginnend mit einem Minimum im Jahr 1969 und endend mit einem Maximum im Jahr 2015. Die linearen Trends werden durch die Nodaltide verzerrt, wenn sie nicht ein ganzzahliges Vielfaches von 18,6 Jahren umfassen. Die berechneten Trends, die mit einem Minimum oder Maximum beginnen, erreichen die größten Über- oder Unterschätzungen, wenn eine Zeitreihe mit einer Länge von 0,5; 1,5; 2,5 etc. des Nodalzyklus verwendet wird

oder 1,5 oder 2,5 der Dauer des Nodalzyklus gewählt wird. Der potenziell größte Fehler übersteigt die säkularen Trends, was die Bedeutung der korrekten Berücksichtigung des Nodalzyklus verdeutlicht. Eine sehr einfache und dabei gleichzeitig genaue Lösung zur Vermeidung von Fehlern durch den Nodalzyklus stellt somit die geschickte Wahl eines Untersuchungszeitraums dar, indem dieser selbst ein Vielfaches der Periode der Nodaltide (18,6 Jahre) abbildet. Hierbei muss auch nicht weiter der variierende Einfluss der Nodaltide am einzelnen Messpegel berücksichtigt werden, da dieser sich um die korrekten Zeiträume ebenfalls egalisiert. Aus diesen Überlegungen heraus gliedert sich dieses Kapitel im Folgenden in zwei weitere Abschnitte. Zunächst werden die periodischen Veränderungen in den Tidewasserständen der Nordsee erläutert und anschließend die säkularen Trends, die sich unter Ausschluss der periodischen Veränderungen ergeben.

4.1 Periodische Veränderungen der Gezeiten

Wichtige periodische Schwankungen auf eher kurzen Zeitskalen sind das halbtägliche Tidehoch- und Tideniedrigwasser sowie der Spring-Nipp-Zyklus, der das jeweiligen Maximum bzw. Minimum von Tidehoch- und Tideniedrigwasser auf der halbmonatlichen Spring-Nipp Skala (14,8 Tage) beschreibt. Zur Erinnerung: Wirkt die Gravitation von Sonne und Mond auf einer Linie, was zu Neumond und Vollmond der Fall ist, kommt es zu einer additiven Überlagerung und damit zu besonders hohen Tidehoch- und besonders niedrigen Tideniedrigwassern (vgl. Kap. 3). Wirkt die Gravitation von Sonne und Mond dagegen in einem Winkel von 90°, resultiert ein besonders hohes Tideniedrig- bzw. niedriges Tidehochwasser. Der astronomische Antrieb ist für die Nordsee großräumig, d. h. beckenweit, gegeben, jedoch ist die individuelle Ausprägung des resultierenden Wasserstandes am einzelnen Tidepegel deutlich verschieden. Die in Abb. 4.2 dargestellten Werte für 14 Pegelstandorte beziehen auf die mittleren Werte des Jahres 2024 (BSH, 2024). Die gestrichelten Linien zwischen den Pegeln verdeutlichen die quantitativen Unterschiede, stellen jedoch keinen linearen Zusammenhang da. Die Horizontalachse ist dagegen rein qualitativ und stellt die Distanz zwischen den Pegeln nicht dar. Die Tidewasserstände sind in Höhen über Seekartennull (SKN) dargestellt. Da das Seekartennull als tiefstes Gezeitenniveau vom Tidehub bestimmt wird, ist seine Differenz zum Bezugsniveau Normalnull von Ort zu Ort verschieden und entspricht in etwa der Hälfte des maximalen Tidehubs an diesem Ort. Seekartennull entstand als Vereinheitlichung der Tiefenangaben in Seekarten als niedrigstmöglicher, astronomischer Gezeitenwasserstand, um stets eine sichere Navigation von Schiffen mit ausreichend Tiefgang zu gewährleisten. Die Festlegung erfolgt durch hydrographische Behörden und kann je nach Region variieren. In der Fachliteratur wird SKN häufig auch als Lowest Astronomical Tide (LAT) bezeichnet.

Betrachtet man zunächst die gesamte Abbildung, fällt auf, dass sich die Linien der unterschiedlichen Pegelwasserstände nicht schneiden. Es ist also trotz der hohen Variabilität des Tidehubs innerhalb der Nordsee stets die identische Abstufung an jedem Pegel vorhanden. So kann zwar beispielsweise das Nipphochwasser in Immingham das Springhochwasser in Hoek van Holland übersteigen, jedoch ist dies nie am selben Tidepegel der Fall. Die Höhe der Wasserstände entspricht damit durchgängig der gewählten Reihenfolge, d. h. das mittlere Springhochwasser ergibt stets die durchschnittlich höchsten und das mittlere Springniedrigwasser die durchschnittlich niedrigsten Pegelstände. Diese Erkenntnis entspricht den Erwartungen aus dem astronomischen Antrieb, da bei einem Springhochwasser die stärksten astronomischen Gezeitenkräfte wirken. Umgekehrt und folgerichtig fällt das mittlere Nipphochwasser stets kleiner als das mittlere Hochwasser und das mittlere Nippniedrigwasser etwas höher als das mittlere Niedrigwasser aus. Betrachtet man die mittleren Tidehoch- und Niedrigwasserwerte an den einzelnen Pegeln, wird erneut eine unterschiedliche Ausprägung je Pegelstandort deutlich. Während das mittlere Tidehochwasser in Immingham 6,6 mSKN beträgt, ist es in Hoek van Holland

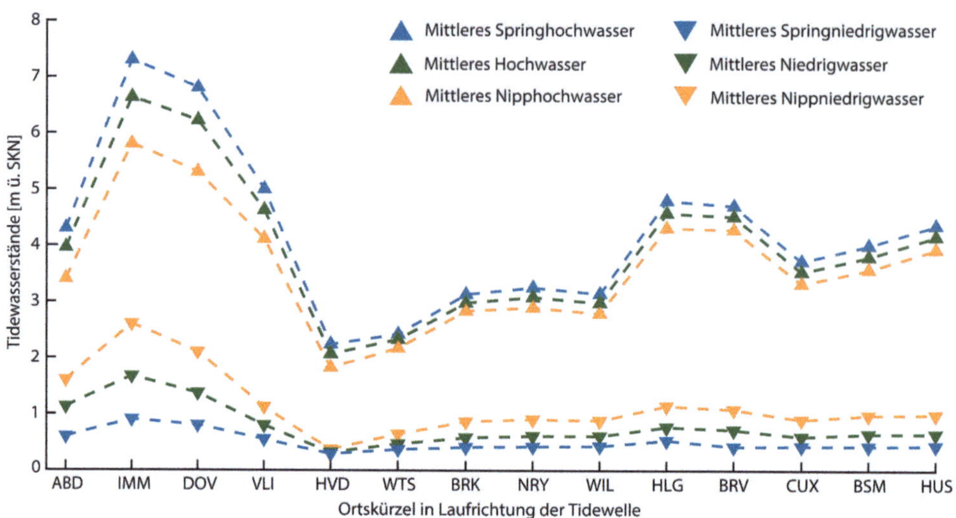

Abb. 4.2 Darstellung ausgewählter Tideparameter an verschiedenen Pegeln im Nordseeraum. Dargestellt werden jeweils das mittlere Springhochwasser (MSpHW), Tidehochwasser (MHW), Nipphochwasser (MNpHW), Nippniedrigwasser (MNpNW), Tideniedrigwasser (MNW) sowie Springniedrigwasser (MSpNW). Die dargestellten Pegel folgen dem Verlauf der Tidewelle der Nordsee in Schottland in Aberdeen (ABD), in England in Immingham (IMM) und Dover (DOV), in den Niederlanden in Vlissingen (VLI), Hoek van Holland (HVD), West-Terschelling (WTS) sowie in Deutschland in Borkum (BRK), Norderney (NRY), Wilhelmshaven (WILL), Helgoland (HLG), Bremerhaven (BRV), Cuxhaven (CUX), Büsum (BSM) und Husum (HUS)

nur 2,1 mSKN. Auch wenn die Unterschiede im Tideniedrigwasser etwas geringer ausfallen, existiert eine hohe Spannweite zwischen 2,6 mSKN in Immingham und 0,37 mSKN in Hoek van Holland. Aufgrund des identischen astronomischen Antriebes könnte man eigentlich erwarten, dass die Unterschiede zwischen den mittleren und extremen Werten entweder absolut oder prozentual an jedem Pegel ungefähr gleichartig sind. Dies ist jedoch offensichtlich nicht der Fall. Der Unterschied zwischen den mittleren Hochwassern und den Springhochwassern in Immingham beträgt bspw. 67 cm gegenüber nur 9 cm in West-Terschelling. Ersteres entspricht einem Unterschied von über 9 %, letzteres nur einem Unterschied von weniger als 4 %. Dies wird auch im Tideniedrigwasser deutlich, wo der Unterschied zum Springniedrigwasser 93 cm in Immingham (etwa 36 %) beträgt. Am Pegel Hoek van Holland beträgt der Unterschied dagegen nur 5 cm oder knapp 14 %.

Auf langen Zeitskalen von mehr als einem Jahr, ist der Nodalzyklus zudem von größter Bedeutung. Es existieren verschiedene Methoden, die Nodaltide zu quantifizieren. Während theoretische Werte leicht zu ermitteln sind, ist die tatsächliche Ausprägung am Tidepegel, insbesondere im Flachwasser und an der Küste (siehe auch Kap. 5) häufig schwerer zu quantifizieren. Das ist vor allem durch die Überlagerung und Wechselwirkung

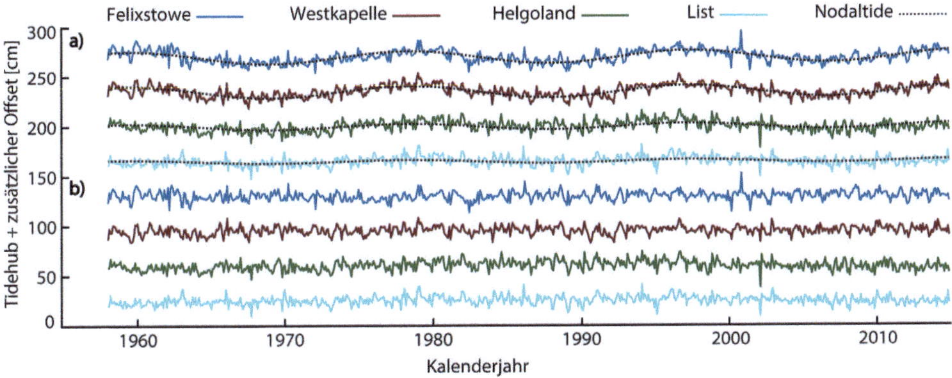

Abb. 4.3 Zeitreihen der monatlichen Mittelwerte des Tidehubs der Pegel Felixstowe, Westkapelle, Helgoland und List mit (a) und ohne (b) Nodalzyklus. (©Leon Jänicke 2021. All Rights Reserved)

der Tidedynamik mit zahlreichen großräumigen und kleinräumigen Faktoren am Tidepegel begründet. Liegt ein Tidepegel beispielsweise im tiefen Wasser, wird er eindeutiger von der Nodaltide beeinflusst als ein Küstenpegel, der von der Wechselwirkung zwischen periodischen Eigenschaften des Tidesignals und der lokalen Geometrie beeinflusst ist. Ein sehr weit verbreitetes Verfahren zur Berücksichtigung der Nodaltide ist die f-u-Korrektur (oder sehr ähnlich j-v-Korrektur), die zur prozentualen Verstärkung oder Abschwächung der Tidekräfte des Mondes im Rahmen der harmonischen Analyse auf Basis der Equilibrium Tide Theory dient. Aufgrund der theoretischen Annahme einer ozeanischen Erde und rein astronomischer Einflüsse kann jedoch nur die geografische Länge eines Messpegels berücksichtigt werden, nicht aber dessen individuellen, lokalen Gegebenheiten. Der Unterschied zwischen dem theoretischen Gezeitenpotenzial und der lokalen Systemreaktion ist insbesondere in Flachwassergebieten oft signifikant und wurde zum Beispiel von Cherniawsky et al. (2010), Feng et al. (2015) und Peng et al. (2019) beschrieben. Diese Unterschiede sind bei flachen Schelfmeeren wie der Nordsee besonders ausgeprägt. Eine Zusammenfassung dieser Problematik für die Nordsee findet sich in Hagen et al. (2021), wobei dort auch der Nachweis geführt wird, dass Nodaltiden-Korrekturfaktoren auf Basis der Equilibrium Tide Theory aufgrund von Flachwassereffekten häufig relativ ungenau sind. Daher wurden in jüngerer Zeit alternative Ansätze entwickelt (Peng et al., 2019; Jänicke, 2021; Hagen et al., 2021), die sowohl auf numerischen als auch analytischen Ansätzen, wie beispielsweise linearer Regression, basieren.

Der Einfluss des Nodalzyklus auf die M2-Tide wird im globalen Durchschnitt mit 3,7 % (Haigh et al., 2011) oder 2,2 cm in der globalen mittleren Gezeitenamplitude angenommen (Baart et al., 2011). Dabei sind 3,7 % kein gemessener Wert, sondern entsprechen exakt dem Nodalkorrekturbeiwert f der halbtägigen Nodaltide M2 (Pugh, 1987), was erneut die überragende Bedeutung des Mondes für die Tidedynamik hervorhebt. In flachen, schmalen Gewässern wie dem Golf von Tonkin, dem Bristolkanal oder dem Ärmelkanal fanden Peng et al. (2019) eine durch die Nodaltide bedingte Veränderung des Tidehochwassers von bis zu 30 cm, was im Hinblick auf den Küstenschutz bei steigendem Meeresspiegel erheblich ist. Haigh et al. (2011) untersuchten den globalen Einfluss des Nodalzyklus auf Tidehochwasserstände und stellten Schwankungen von bis zu 80cm fest. Insgesamt existiert also in Abhängigkeit von lokalen Bedingungen eine hohe Bandbreite der Auswirkungen der Nodaltide. Dieser Einfluss wird in Abb. 4.3 auf Basis von Monatsmittelwerten des Tidehubs beispielhaft für 4 Nordseepegel dargestellt (Jänicke, 2021). Die Abbildung bezieht sich auf den Zeitraum von 1958 bis einschließlich 2014. Dieser Zeitraum wurde einerseits aufgrund einer schwachen Datengrundlage an vielen Messpegeln der Nordsee vor 1958 und andererseits aufgrund der Betrachtung von 3 abgeschlossenen Nodalzyklen gewählt (vgl. Abb. 4.3). Im oberen Bereich a) der Abbildung sind die Zeitreihen mit Nodalzyklus und im unteren Bereich b) ohne Nodalzyklus dargestellt. Die verschiedenen, neueren Verfahren zur Quantifizierung und Eliminierung des Nodalzyklus liefern leicht abweichende Ergebnisse, die sich in der Größenordnung aber ähneln. Dies liegt in der Schwierigkeit der Trennung verschiedener Einflüsse auf den Tidewasserstand am einzelnen Pegel begründet. Mit dem in Jänicke et al. (2020) angewendeten Verfahren, welches auf einer Hauptkomponentenanalyse basiert, kommt man für die dargestellten Pegelstandorte auf die folgenden Werte:

Felixstowe (Grossbritannien, Ostküste):	13 cm oder 28 %
Westkapelle (Niederlande, Westküste):	12 cm oder 28 %
Helgoland (Deutschland, Deutsche Bucht):	6 cm oder 7 %
List (Deutschland, Nordfriesland auf Sylt):	3 cm oder 1,5 %

Es sind also sowohl absolut als auch relativ beträchtliche Abweichungen zu erkennen, obwohl die ursächlichen astronomischen Kräfte in Form einer in die Nordsee einlaufenden Tidewelle aus dem Nordatlantik identisch sind. Der folgenden grafischen Darstellung 4.3 ist zu entnehmen, dass der relative Einfluss der Nodaltide entlang des Fortschritts der Tidewelle abzunehmen scheint. Mit dem Fortschreiten der Tidewelle von den tieferen Gebieten des Vereinigten Königreichs (Felixstowe) zu den flacheren Gebieten der Niederlande (Westkapelle) und der Deutschen Bucht (Helgoland, List) wird eine Abnahme der detektierbaren Amplitude der Nodaltide deutlich, was den o.g. numerischen und analytischen Erkenntnissen von Hagen et al. (2021) entspricht. Dieser Rückgang ist insbesondere an den Hochpunkten in den Jahren 1959, 1978, 1997 und 2015 deutlich sichtbar und liegt in den lokal und regional unterschiedlichen Reaktionen des Systems Nordsee auf den astronomischen Antrieb begründet. Regionale Auswirkungen lokaler Phänomene entstehen dann, wenn die Tidewelle während ihres Verlaufs durch lokale Prozesse verändert wird; die Veränderungen pflanzt sich nachfolgend weiter fort. Maßgeblich sind dabei neben rein lokalen Gegebenheiten die sog. Flachwassereffekte, welche in Abschn. 5.2.1 umfassend erläutert werden.

Eine weitere Möglichkeit, um die Bedeutung der Nodaltide zu verdeutlichen, liegt in der Betrachtung der resultierenden, linearen Trends, analog zur Beschreibung in Abb. 4.1. Betrachtet man also kein Vielfaches von 18,6 Jahren, sondern erhöht oder verringert den Beobachtungszeitraum z. B. um eine halbe Periode von 9,3 Jahren, erzeugt man einen scheinbar säkularen Trend, der aber eigentlich durch die periodische Schwingung der Nodaltide verursacht wird. Würde man an diesen Pegeln die periodischen Schwankungen durch den Nodalzyklus nicht berücksichtigen, betragen die maximal möglichen Fehler im linearen Trend +14 mm/Jahr in Felixstowe, +13 mm/Jahr in Westkapelle, +7 mm/Jahr in Helgoland und +4 mm/Jahr in List und würden damit den tatsächlichen Trend deutlich übersteigen, der eher im Bereich zwischen +2 bis +4 mm/Jahr liegt. Als Konsequenz wäre die Trendauswertung fehlerhaft, da sie ein stark verfälschtes Bild der Wirklichkeit wiedergeben würde.

Zusammenfassend kann festgehalten werden, dass zwischen dem astronomischen Input, d. h. den physikalischen astronomischen Gravitationskräften, welche das Tidesystem der Erde antreiben, und dem Output, d. h. der lokalen Reaktion der Tidewasserstände auf diese Kräfte im Schelfmeer Nordsee, unterschieden werden muss. Der nur periodisch schwankende astronomische Antrieb der Gezeiten erzeugt die Tidewellen im Nordatlantik, welche dann in die Nordsee durch den Ärmelkanal und durch die Öffnung zwischen Schottland und Norwegen einlaufen. Während man also intuitiv davon ausgehen könnte, dass die Reaktion der Wasserstände an allen Tidepegeln der Nordsee ähnlich sein sollte, ist dies aufgrund lokaler und regionaler Gegebenheiten nicht der Fall. Zusätzlich liegt die Überlagerung der beiden Tidewellen vor, die einen signifikanten Einfluss an einigen Tidepegeln im Bereich des Ärmelkanals hat. Dasselbe Phänomen ist auch für die nicht-periodischen Veränderungen relevant, da auch ein großräumiger, nicht-periodischer Einfluss wie der Anstieg des mittleren Meeresspiegels unterschiedliche Ausprägungen am lokalen Tidepegel haben kann, wie im nächsten Kapitel erläutert wird.

4.2 Säkulare Veränderungen der Gezeiten

Größere, nicht-periodische Veränderungen der Tidedynamik der Nordsee wurden erstmals im Bereich der Deutschen Bucht von Jensen (1984) anhand einer Analyse gemessener Tidewasserstände nachgewiesen. Statistisch signifikante Zunahmen bei Tidehochwasser und Tidehub sowie deren Ausbleiben im Tideniedrigwasser wurden in Führböter & Jensen (1985) dokumentiert. Inzwischen wurden in weiten Teilen der Nordsee signifikante, säkulare Veränderungen entdeckt. Auch wenn der Hauptfokus dieses Buches auf der Deutschen Bucht liegt, werden die Veränderungen im westlichen und südlichen Teil der Nordsee aufgrund ihrer hohen Relevanz für die Thematik ebenfalls im Folgenden dargestellt. Da astronomische Veränderungen der gezeitenerzeugenden Kräfte immer periodisch sind, können nicht-periodische Veränderung entsprechend keine astronomische Ursache haben. Das bedeutet, die antreibende Kraft der Gezeiten, d. h. der Input in das Tidesystem der Erde, ist unverändert, während sich die resultierenden Gezeiten, d. h. der Output, jedochverändern. Irgendwo zwischen der Einwirkung der gezeitenerzeugenden Kräfte und dem Wasserstand an einzelnen Tidepegeln müssen also Prozesse stattfinden, da sonst der identische Input zu einem gleichbleibenden Output führen müsste. Die entscheidende, großräumige Veränderung ist hier der globale Anstieg des mittleren Meeresspiegels, welcher auch zu höheren Wasserständen in der Nordsee und zu Veränderungen der Tideparameter führt.

Für das Verständnis des Zusammenhangs zwischen dem Anstieg des mittleren Meeresspiegels und den Tideveränderungen sollte zunächst betont werden, dass sich – entgegen der intuitiven Erwartung – bei ansteigendem Meeresspiegel, die Tidehoch- und Tideniedrigwasserstände nicht zwingend parallel zum Meeresspiegel oder auch nur parallel zueinander entwickeln müssen (Abb. 4.4). Bei ausreichender Datengrundlage kann zwar oft ein robuster Zusammenhang zwischen dem Anstieg des Meeresspiegels und der Veränderung der Tidekennwerte detektiert werden, jedoch ist dieser Zusammenhang häufig nichtlinear und unterscheidet sich im Tidehoch- und Tideniedrigwasser (und damit im Tidehub) deutlich. Möchte man die auftretenden Veränderungen verstehen, ist es also notwendig, alle drei Tidekennwerte zu betrachten.

Grundsätzlich kann daher bei Veränderungen des Tideniedrigwassers, des Tidehochwassers und des Tidehubs zwischen drei verschiedenen Varianten unterschieden werden. Steigen Tideniedrigwasser und Tidehochwasser gleichmäßig an, bleibt der Tidehub als Differenz dieser Werte konstant (a). Übersteigt der Anstieg des Tidehochwassers den Anstieg des Tideniedrigwassers steigt der Tidehub an (b) und übersteigt der Anstieg des Tideniedrigwassers den Anstieg des Tidehochwassers nimmt der Tidehub ab (c). Es handelt sich hierbei um einen relativen Vergleich der Entwicklung der Tideparameter zueinander, d. h. Fälle, in denen nur Tidehoch- oder Tideniedrigwasser eine Veränderung aufweisen, wie das beispielsweise bei der Vertiefung von tidebeeinflussten Fließgewässern der Fall sein kann, sind implizit enthalten, da auch hier die Veränderungen eines Parameters die Veränderung des anderen Parameters übertrifft oder unterschreitet. Basierend auf

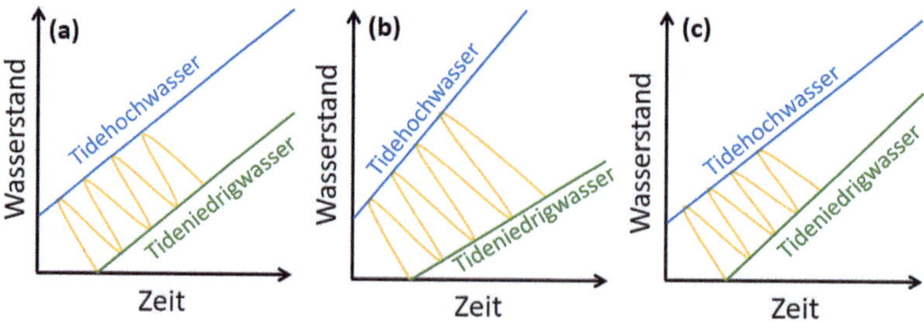

Abb. 4.4 Skizzenhafte, qualitative Darstellung der Veränderung der Tideparameter zueinander bei ansteigendem Meeresspiegel

dieser Herangehensweise werden die drei Tideparameter Tidehoch- und Tideniedrigwasser sowie der Tidehub für die Nordsee im Folgenden analysiert.

Auch hier istaufgrund der verfügbaren Datengrundlage und der Notwendigkeit vollständiger Nodalzyklen der Bezugszeitraum 1958 bis einschließlich 2014. In Abb. 4.5 ist zu erkennen, dass für diesen Zeitraum nahezu alle beobachteten linearen Trends an den verfügbaren Messpegeln positive (rötlich) oder neutrale (gräulich) Werte aufweisen. Negative Trends (bläulich) kommen nur selten vor und scheinen lokal isoliert in kleinräumigen, lokalen Effekten begründet zu sein. Im beckenweiten Mittel der Nordsee erreichen die Tideniedrigwasser einen Mediantrend von $+1{,}4$ mm/Jahr wohingegen die Tidehochwasser im Median mit einem Wert von $+2{,}2$ mm/Jahr ansteigen. Es liegt also insgesamt und in erster Näherung die Situation (b) aus Abb. 4.4 vor, d. h. Tidehoch- und Tideniedrigwasser laufen zunehmend auseinander, woraus in Summe ein höherer Tidehub resultiert.

Betrachtet man diese Werte genauer, stellt man fest, dass die Entwicklung nicht in jeder Region der Nordsee identisch ist. Es lassen sich regionale Unterschiede detektieren, die aber weiterhin größere Küstenabschnitte umfassen und daher keine rein lokale Ursache am Einzelpegel haben können. So ist der mittlere Anstieg im Tideniedrigwasser in der Deutschen Bucht ($+0{,}8$ mm/Jahr) deutlich geringer ausgeprägt als im Vereinigten Königreich ($+1{,}6$ mm/Jahr). Die europäische Westküste (Frankreich, Belgien, Niederlande) bildet eine Art Übergangsgebiet zwischen diesen beiden Regionen, wobei das Gesamtverhalten der Tidepegel in diesem Gebiet eher der Deutschen Bucht ähnelt. Im Gegensatz dazu zeigen die Trends des Tidehochwassers in der Deutschen Bucht ($+3{,}8$ mm/Jahr) und in den östlichen Teilen der Niederlande wesentlich höhere Werte als an der britischen Ostküste ($+1{,}3$ mm/Jahr). Folglich besteht auch im Tidehochwasser ein Kontrast zwischen den Regionen. Während also die positiven Trends des Tidehochwassers im Gebiet der Deutschen Bucht stärker ausgeprägt sind, sind die Trends beim Tideniedrigwasser im Gebiet des Vereinigten Königreichs stärker ausgeprägt und bilden damit eine Art Dipol.

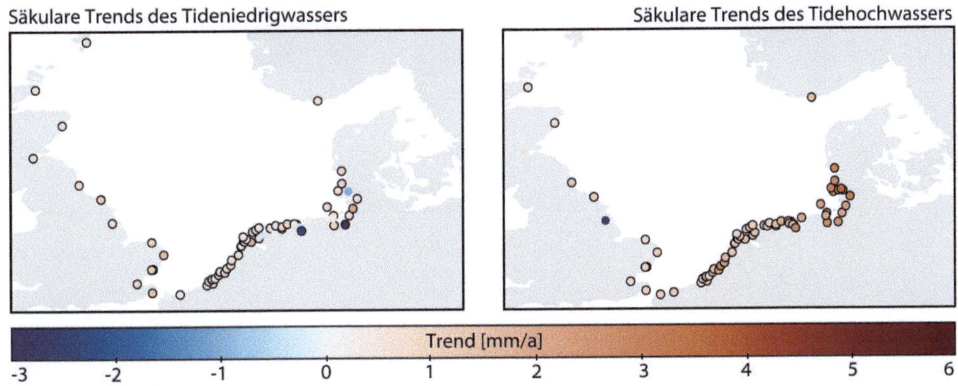

Abb. 4.5 Lineare Trends des Tideniedrigwassers (a) und des Tidehochwassers (b) zwischen 1958 und 2014 an verschiedenen Tidepegeln (signifikante Trends sind schwarz eingekreist)

Auch wenn die Trends im Tidehochwasser in der Deutschen Bucht im Median am größten sind, besteht auf kleinerer Skala ebenfalls ein Unterschied zwischen dem Norden (Nordfriesland) und dem Westen (West- und Ostfriesland). Während die Trends im Tideniedrigwasser für beide Gebiete etwa +0,8 mm/Jahr betragen, sind die mittleren Trends für das Tidehochwasser mit +3,3 mm/Jahr in West- und Ostfriesland geringer als in Nordfriesland mit +5,2 mm/Jahr. Um nun eine tendenzielle Zuordnung der Entwicklungen in die drei Kategorien (a), (b) und (c) zu erreichen, werden in Abb. 4.6 die Trends an vielen verschiedenen Messpegeln nach ihrer geografischen Region der Tidelaufrichtung nach, beginnend im Norden von Großbritannien und bis Dänemark, dargestellt. Es handelt sich um dieselben Tidepegel, wie in den vorherigen Abbildungen. Es wird deutlich, dass an fast allen britischen Pegeln der Anstieg des Tideniedrigwassers den Anstieg des Hochwassers übersteigt, was Fall (c) aus Abb. 4.4 entspricht. Diese Entwicklung kehrt sich auf der kontinentalen Seite des Ärmelkanals (nach der Dover-Calais-Meerenge) um, wo das Tidehochwasser tendenziell größere Trends aufweist. Die einzigen Ausnahmen bilden die beiden Pegel Den Oever Buiten ($+3.9 \pm 0.8$ mm/Jahr) und Büsum ($+4.6 \pm 1.0$ mm/Jahr), deren Entwicklung anthropogen überlagert ist. Die stärkste Abnahme im Tideniedrigwasser (-2.9 ± 1.0 mm/Jahr) weist der Tidepegel Bremerhaven auf, in dessen Bereich ebenfalls eine starke anthropogene Überprägung durch Fahrrinnenanpassungen der Tideweser vorliegt. Diese drei Tidepegel und ihre lokalen Einflüsse werden im Abschn. 5.1 detailliert erläutert.

Insgesamt ist eine dipolartige räumliche Entwicklung zwischen dem Vereinigten Königreich und der Deutschen Bucht zu erkennen: Die Trends bei Niedrigwasser im

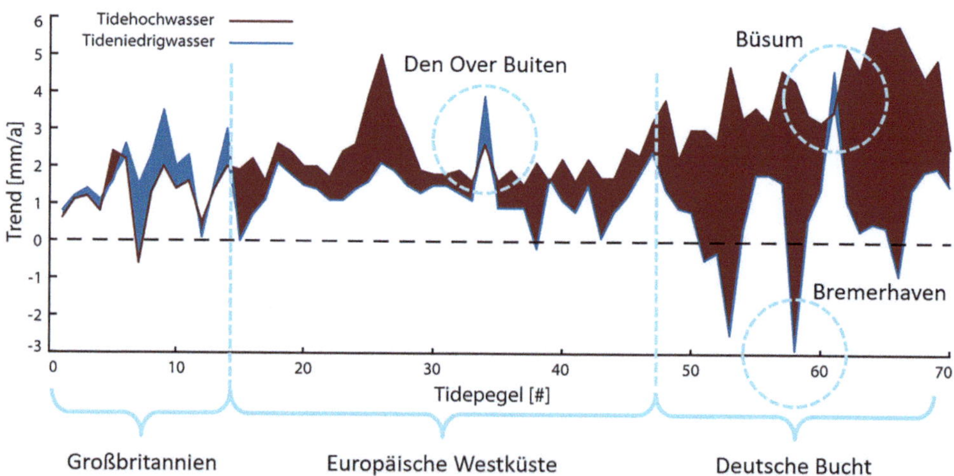

Abb. 4.6 Trends von Tidehochwasser (rot) und Tideniedrigwasser (blau) verschiedener Tidepegel, die eingefärbten Bereiche zeigen den größeren Trend an. Eine rote Einfärbung entspricht dabei dem Fall b), eine blaue Einfärbung Fall c) und eine nur geringe eingefärbte Fläche Fall a) aus Abb. 4.4

Vereinigten Königreich (insbesondere im Süden) sind meist größer als die Trends bei Hochwasser, während eine umgekehrte Entwicklung für den größten Teil der Deutschen Bucht und in geringerem Maße für die europäische Westküste zu beobachten ist. Die Unterschiede zwischen den Trends bei Tideniedrig- und Tidehochwasser sind im Norden von Großbritannien und in Teilen der Niederlande eher gering. Entlang der kontinentalen Küstenlinie ist ein Wechsel zwischen größeren Trends bei Tideniedrig- und bei Tidehochwasser zu beobachten. Es ist zu beachten, dass ein geringer Unterschied zwischen der Änderung dieser beiden Kennwerte nicht bedeutet, dass es keine Veränderungen gegeben hat, sondern nur, dass Niedrig- und Hochwasser ähnlichen Veränderungen unterliegen. Dies zeigt deutlich auf, warum man in Ergänzung zum Tidehub, unbedingt auch Tideniedrig- und Tidehochwasser untersuchen sollte.

In der Trendanalyse des Tidehubs bestätigt sich das dipolartige Muster zwischen dem Vereinigten Königreich und der Deutschen Bucht (Abb. 4.7). Für eine bessere räumliche Darstellung der Übergänge wurde in den folgenden Abbildungen die Küstenlinie entsprechend den auftretenden Trends eingefärbt, d. h. es wurden die Trends zwischen den Pegeln räumlich interpoliert. Während sich im Norden von Großbritannien Tideniedrig- und Tidehochwasser ähnlich verhalten und dementsprechend im Tidehub als Differenz der beiden kein Trend zu erkennen ist (Fall a), ist im Süden von Großbritannien ein abnehmender Tidehub zu erkennen. Das bedeutet, der Anstieg des Tideniedrigwassers übersteigt den Anstieg des Tidehochwassers (Fall c). Im nachfolgenden Bereich der europäischen Westküste und vor allem der Deutschen Bucht steigt dagegen das Tidehochwasser deutlich stärker als das Tideniedrigwasser an, sodass hier ein steigender Tidehub resultiert (Fall b).

Während der Trend des Tidehubs in Großbritannien im Norden eher neutral ist und im Süden im Mittel $-0,8$ mm/Jahr beträgt, tritt an der europäischen Westküste ein positiver mittlerer Trend von $+\,0,8$ mm/Jahr auf. Innerhalb der Deutschen Bucht werden Werte von $+\,2,8$ mm/Jahr im Süden (Ostfriesland) und $+4,3$ mm/Jahr im Norden der Deutschen Bucht (Nordfriesland) erreicht, wodurch die abweichende Entwicklung dieser beiden Gebiete erneut betont wird. Im Fall einer parallelen Entwicklung müsste der Tidehub als Differenz aus Tideniedrig -und Tidehochwasser in etwa gleich bleiben. Damit laufen die Veränderungen von Tideniedrig- und Tidehochwasser in weiten Teilen der Nordsee nicht parallel ab, wobei dieser Effekt an jedem Tidepegel unterschiedlich stark ausgeprägt ist. Hinzu kommen lokale Phänomene. Diese betreffen einige Pegel wie Den Oever Buiten $(-1,2\pm0,4$ mm/Jahr) oder Büsum $(-1,0\pm0,7$ mm/Jahr), die auf den ersten Blick dem oben eingeführten räumlichen Muster zu widersprechen scheinen. Es liegt nahe (z. B. Ebener et al., 2020), dass diese lokalen Ausnahmen hauptsächlich durch anthropogene Eingriffe wie den Bau des Afsluitdijk nahe des Pegels Den Oever Buiten oder Landgewinnung in der Meldorfer Bucht bei Büsum verursacht werden, die mit Anomalien in der lokalen Tidehubzeitreihe zusammenfallen und in Abschn. 5.1 näher untersucht werden.

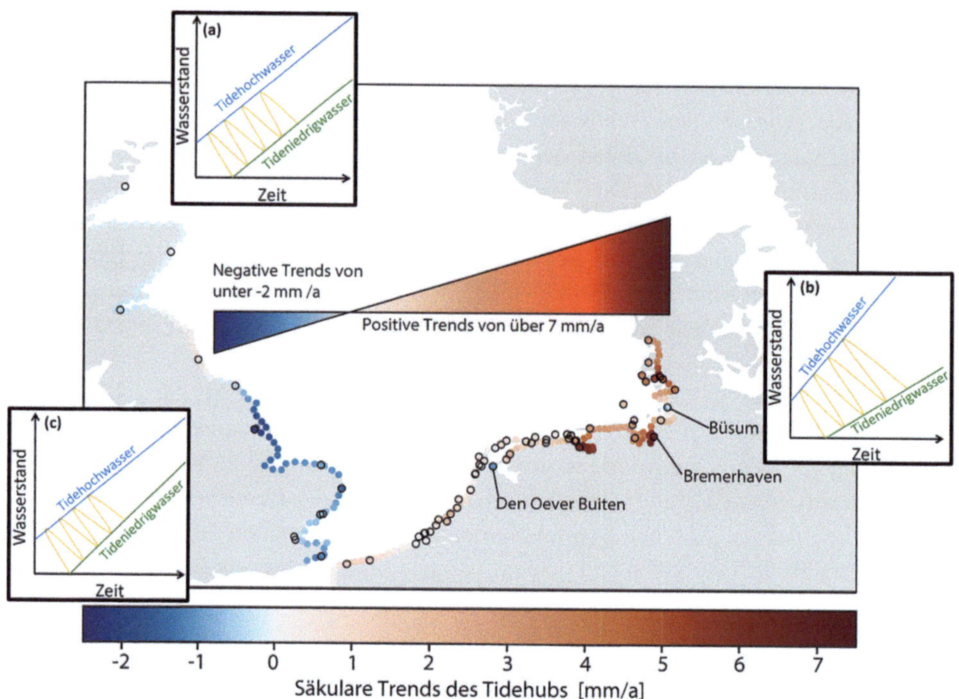

Abb. 4.7 Säkulare Trends des Tidehubs zwischen 1958 und 2014 aus Messungen und Interpolation (gemessene Trends sind durch schwarze Umrandung hervorgehoben)

Abschließend werden drei Pegelstandorte aus der Deutschen Bucht vorgestellt, die anhand konkreter Messreihen exemplarisch zeigen, wie sich großräumige und regionale Entwicklungen auch auf kurzen räumlichen Skalen unterschiedlich auswirken können. Dabei wird deutlich, dass selbst benachbarte Standorte teils abweichende Trends in der Tidedynamik aufweisen. Als Beispiel wird der Pegel auf der Hochseeinsel Helgoland mit einem Anstieg des mittleren Tidehubs von +2,7 mm/Jahr, der Pegel Wyk in Nordfriesland mit +4,5 mm/Jahr und der naheliegende Pegel Dagebüll mit + 5,7 mm/Jahr dargestellt. Besonders beachtenswert ist, dass die beiden Pegel Wyk und Dagebüll nur wenige Kilometer voneinander entfernt liegen (Abb. 4.8). Dennoch weichen die Entwicklungen im Tidehub und damit auch von Tideniedrig- und Tidehochwasser deutlich voneinander ab. Ganz ähnlich wie es in Kap. 3 für das Inputsignal Nodaltide und das Inputsignal Tidewelle aus dem Nordatlantik beschrieben wurde, führt also der Anstieg des mittleren Meeresspiegels zu einer großräumigen Veränderung der Tidewasserstände, wobei sich das Ausmaß der Veränderung von Pegel zu Pegel stark unterscheiden kann. Diese deutlichen Unterschiede zwischen verschiedenen Tidepegeln, aber auch zwischen Tidehoch- und Niedrigwasserentwicklung am einzelnen Pegel, stehen im Ganzen vor

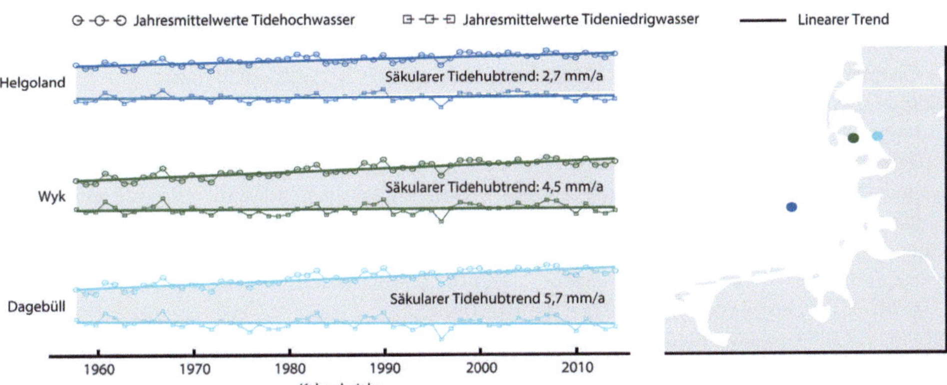

Abb. 4.8 Relative Änderung von Tidehoch- und Tideniedrigwasser an den Tidepegeln Helgoland (Hochseeinsel), Wyk (Nordfriesland) und Dagebüll (Nordfriesland) im Zeitraum von 1958 bis 2014.

allem mit der Küstenform und der lokalen Morphologie in Verbindung, auch wenn im Einzelfall ein anthropogener Einfluss wie eine Eindeichung maßgeblich beteiligt sein kann. Die genauen Zusammenhänge und Auswirkungen werden in den nächsten beiden Kapiteln dieses Buches erläutert.

Literatur

Baart, F., van Gelder, P. H.A.J.M., Ronde, J. d., Koningsveld, M. v., & Wouters, B. (2011). The Effect of the 18.6-Year Lunar Nodal Cycle on Regional Sea-Level Rise Estimates. Journal of Coastal Research, 2012, 511-516. https://doi.org/10.2112/JCOASTRES-D-11-00169.1.

BSH,Bundesamt für Seeschifffahrt und Hydrographie. (2024). Gezeitentafeln: Europäische Gewässer. Gebundene Ausgabe. BSH_NR 2115. ISSN: 0084-9774.

Cherniawsky, J. Y., Foreman, M. G., Kang, S. K., Scharroo, R., & Eert, A. J. (2010). 18.6-year lunar nodal tides from altimeter data. Continental Shelf Research, 30(6), 575–587. https://doi.org/10.1016/j.csr.2009.10.002.

Ebener, A., Arns, A., Jänicke, L., Dangendorf, S., & Jensen, J. (2020). Untersuchungen zur Entwicklung der Tidedynamik an der deutschen Nordseeküste – Ein Ansatz zur Identifizierung und Quantifizierung von Tideveränderungen durch lokale Systemänderungen. ALADYN-A: Analyses of observed tidal dynamics; Abschlussbericht zum KFKI-Projekt ALADYN (03F0756A).https://www.kfki.de/en/projekte/details?id=ed13c2f78ec74a298beab4c3c97cb609, zuletzt abgerufen am 06.03.2025 11:05.

Feng, X., Tsimplis, M. N., & Woodworth, P. L. (2015). Nodal variations and long-term changes in the main tides on the coasts of China. Journal of Geophysical Research: Oceans, 120(2), 1215–1232. https://doi.org/10.1002/2014JC010312.

Führböter, A., & Jensen, J. (1985). Säkularänderungen der mittleren Tidewasserstände in der Deutschen Bucht. Die Küste, 42, 78–100.

Hagen, R., Plüß, A., Jänicke, L., Freund, J., Jensen, J., & Kösters, F. (2021). A combined modelling and measurement approach to assess the nodal tide modulation in the North Sea. Journal of Geophysical Research: Oceans, 126(3). https://doi.org/10.1029/2020JC016364.

Haigh, I. D., Pickering, M. D., Green, J. A. M., Arbic, B. K., Arns, A., Dangendorf, S., Hill D., Horsburgh, K., Howard, T., Idier, D., Jay, D. A., Jänicke, L., Lee, S. B., Müller, M., Schindelegger, M., Talke, S. A., Wilmes, S.-B., & Woodworth P. L. (2020). The Tides They Are a-Changin': A comprehensive review of past and future non-astronomical changes in tides, their driving mechanisms and future implications. Review of Geophysics, 58(1). https://doi.org/10.1029/2018RG000636.

Haigh, I. D., Eliot, M., & Pattiaratchi, C. (2011). Global influences of the 18.61-year nodal cycle and 8.85-year cycle of lunar perigee on high tidal levels. Journal of Geophysical Research, 116 (C6), 25249. https://doi.org/10.1029/2010JC006645.

Jensen, J. (1984). Änderungen der mittleren Tidewasserstände an der Nordseeküste. Mitteilungen Leichtweiß-Institut für Wasserbau, 83, TU Braunschweig, Braunschweig

Jänicke, L.: Assessing changes of tidal dynamics in the North Sea, Universitätsbibliothek Siegen, Siegen, https://doi.org/10.25819/ubsi/10105, 2021.

Jänicke, L., Ebener, A., Dangendorf, S., Arns, A., Schindelegger, M., Niehüser, S., Haigh, I. D., Woodworth, P., and Jensen, J.: Assessment of tidal range changes in the North Sea from 1958 to 2014, J. Geophys. Res.-Ocean., 126, e2020JC016456, https://doi.org/10.1029/2020JC016456, 2020.

Peng, D., Hill, E. M., Meltzner, A. J., & Switzer, A. D. (2019). Tide gauge records show that the 18.61-year nodal tidal cycle can change high water levels by up to 30 cm. Journal of Geophysical Research: Oceans, 124 (1), 736–749. https://doi.org/10.1029/2018JC014695.

Pugh, D. T. (1987). Tides, surges and mean sea-level: A handbook for engineers and scientists. Hoboken, NJ: John Wiley, ISBN 047191505X.

Kleinräumige Veränderungen der Gezeiten am Beispiel der Deutschen Bucht

Inhaltsverzeichnis

Bei kleinräumigen Veränderungen der Gezeiten ist es wichtig zu unterscheiden, ob tatsächlich ein lokal isolierter Effekt vorliegt (z. B. eine Baumaßnahme) oder, sich ein großräumiger Effekt lediglich lokal auswirkt (z. B. Meeresspiegelanstieg). Eine lokale Veränderung, also bei konstanter großräumiger Tidedynamik, ist meist anthropogen, d. h. menschlich verursacht. Ein klassisches Beispiel sind Wehranlagen an tidebeeinflussten Gewässern, welche eine Zunahme von Reflektion und Resonanz im Ästuar verursachen können (Keller, 1901). Auch die Veränderungen der lokalen Tidewasserstände durch Hafenumbauten und Ausbaggerung sind lange bekannt und wurden umfassend beschrieben (z. B. Marmer, 1935). Ebenso können Fahrrinnenvertiefungen oder der Bau von Sturmflutsperrwerken erhebliche Auswirkungen auf das Tidegeschehen haben (Malcherek, 2010). Man könnte in Anlehnung an van Maren et al. (2023) salopp formulieren, dass die Natur im Tidesystem der Erde oft andere Vorstellungen als der Mensch bei anthropogenen Veränderungen hat, weshalb in der Folge von Maßnahmen häufig starke

L. Jänicke und R. Lepper, *Die Tiden der Nordsee und ihre Veränderungen*,
https://doi.org/10.1007/978-3-658-48860-4_5

Veränderungseffekte eintreten, die Jahrzehnte bis Jahrhunderte andauern können. Es tragen also zahlreiche nicht-astronomische Prozesse zu den Veränderungen des lokalen Tideregimes bei, die je nach lokalen Bedingungen unterschiedliche Auswirkungen haben können. Aufgrund der Vielzahl von Veränderungen und Baumaßnahmen an den Küsten der Nordsee sowie ihres jeweils einzigartigen Charakters ist eine umfassende Beschreibung im Rahmen dieses Buches nicht möglich. Stattdessen werden im folgenden Abschn. 5.1 drei verschiedene Beispiele in der Nordsee erläutert. Neben diesen anthropogenen Effekten muss auch die unterschiedliche lokale Ausprägung großräumiger Effekte im Küstenbereich erläutert werden. So wurde in Abschn. 4.1 am Beispiel der Nodaltide dargestellt, dass zwar das Input-Signal als die veränderliche Position des Mondes in einem Zyklus von 18,61 Jahren identisch ist, aber die resultierende Veränderung der Wasserspiegel lokal stark unterschiedlich ausgeprägt ist. Die nachweisbare Wasserspiegelauslenkung des Nodalzyklus beträgt beispielsweise 13 cm in Felixstowe aber nur 3 cm in List, obwohl die zugrunde liegende astronomische Kraft die gleiche ist. Die hierfür maßgeblichen Prozesse finden in den Flachwasserbereichen der Küste statt und sind ausgesprochen komplex. Diese Prozesse werden in Abschn. 5.2 besprochen.

5.1 Anthropogene Veränderungen der Gezeiten

Beispiel Den Oever Buiten/Afsluitdijk

Der Afsluitdijk, (Deutsch: Abschlussdeich), ist ein ca. 30 Kilometer langer Damm in den Niederlanden am Ijsselmeer, der die holländischen Provinzen Noord-Holland und Friesland verbindet. Über den Abschlussdeich verlaufen die Autobahn A7 sowie ein Rad- und Gehweg. Der Damm trennt die ehemalige Zuiderzee von der Nordsee und wurde zwischen 1927 und 1932 errichtet. Im Rahmen des Baus wurden auch zwei große Sperrwerke errichtet, die das abfließende Süßwasser regulieren und das Hinterland vor Sturmfluten schützen. Durch die Abtrennung der Zuiderzee entstand das Binnengewässer Ijsselmeer, das über ein komplexes Netzwerk an Kanälen und ausgebauten Flusssystemen sogar mit dem Rhein-Maas-Delta verbunden ist. Die Baumaßnahme hatte einen wesentlichen Einfluss auf die Tide- und Sedimentdynamik auch weitab des Bauwerks.

Die Veränderungen des jährlichen Mittelwerts der Tidewasserstände vor und nach der Bauzeit, also vor 1927 bzw. nach 1932, ist auch noch in größerer Entfernung deutlich messbar (Abb. 5.1). So hat in unmittelbarer Nähe zum Afsluitdijk am Pegel Den Oever Buiten der mittlere Tidehub um fast +70 % zugenommen, wobei das Tideniedrigwasser um etwa −40 cm gefallen bzw. das Tidehochwasser um etwa +20 cm angestiegen ist. Aufgrund der unmittelbaren Nachbarschaft des Tidepegels zum Bauwerk sind derartige Änderungen zwar erwartbar, jedoch haben auch im 12 km (der Küstenlinie vom Abschluss des Deiches nach Norden folgend) entfernten Harlingen noch Veränderungen um ca. +40 % im Tidehub stattgefunden, da hier das Tideniedrigwasser ebenfalls um ca. −30 cm abgefallen und das Tidehochwasser um etwa +20 cm angestiegen ist. Auch am 31 km entfernten

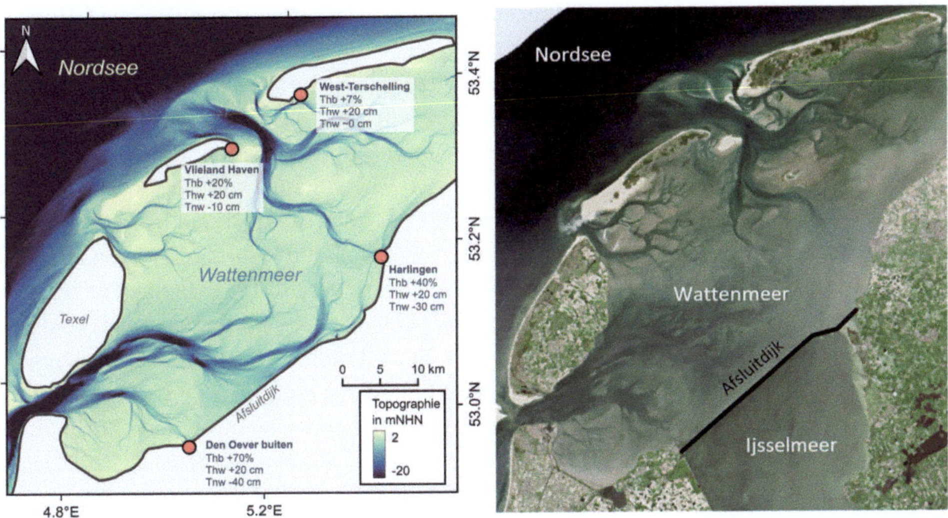

Abb. 5.1 Topografische Umgebung des Afsluitdijk zwischen Ijsselmeer und Nordsee. Enthält veränderte Copernicus Sentinel-Daten der Europäischen Union. © BKG (2025) dl-de/by-2–0, Datenquellen: https://sgx.geodatenzentrum.de/web_public/gdz/datenquellen/datenquellen_topplu sopen_17.03.2025.pdf

Pegel Vlieland Haven auf einer vorgelagerten Insel, d. h. nicht in Richtung des Verlaufs der Tidewelle, betragen die Änderungen des Tidehubs noch $+20\,\%$, bei einem Abfall des Tideniedrigwassers um -10 cm und einem Anstieg des Tidehochwassers um $+20$ cm. Selbst im rund 32 km entfernten, jedoch räumlich in Richtung Nord-West verlagerten, West-Terschelling betragen die Veränderungen etwa $+7\,\%$ im Tidehub, was hier aus einem Anstieg des Tidehochwassers um ebenfalls etwa $+20$ cm und keiner signifikanten Veränderung des Tideniedrigwassers resultiert. Im Gegensatz zu den meisten anderen Tidepegeln an der Europäischen Westküste weist der Pegel Den Oever Buiten zwischen 1958 und 2014 einen negativen Trend auf, sodass ein Teil des massiven Anstiegs nach 1932 bis heute wieder ausgeglichen wurde. Vermutlich ist dies auf natürliche Ausgleichsprozesse zurückzuführen, wodurch lokalen Effekte die großräumigen Veränderungen überkompensiert haben.

Beispiel Büsum

Neben Den Oever Buiten weist der Tidepegel Büsum ebenfalls einen negativen Trend im Tidehub auf. Die statistische Signifikanz dieses Trends ist nur schwach, da sowohl Tideniedrig-als auch Tidehochwasser eine starke Steigerung ähnlicher Größenordnung erfahren haben. Eine geringe Veränderung kann aufgrund der hohen Varianz selten als statistisch signifikant eingeordnet werden. Dennoch ist der starke, lokal isolierte Anstieg des Tideniedrigwassers außergewöhnlich, wohingegen der Anstieg des Tidehochwassers auch bei vielen anderen Tidepegeln an der Deutschen Bucht erkennbar ist. Vermutlicher Auslöser der Veränderung am Pegel ist die Eindeichung der Meldorfer Bucht zwischen den Jahren 1969 und 1978, an dessen nördlichem Ende der Tidepegel liegt. Ebener et al. (2021) konnten einen statistisch signifikanten, zeitlichen Zusammenhang zwischen der Baumaßnahme und den Veränderungen der Tidewasserstände detektieren. Außerdem ist die räumliche Nähe des Pegels ein weiteres Indiz für einen derartigen Effekt. Durch die Eindeichung der Bucht hat sich das Tidevolumen verändert, es sind etwa 31 Mio. m^3 Tidevolumen verloren gegangen (Lehmann, 2018), und es kommt zu einer früheren Reflektion der Tidewelle am Deich. Aber auch andere Ursachen können einen Beitrag leisten. Ebener et al. (2021) argumentieren, dass beispielsweise lokale morphologische Anpassungsprozesse durch Eindeichungen angestoßen werden, welche erst über lange Zeiträume wieder in einen Gleichgewichtszustand kommen. Im ostfriesischen Dollart wurden diese Effekte auf Grundlage massiver Landgewinnung ausführlich studiert und es wurde gezeigt, dass Landgewinnung einerseits mit morphologischer Anpassung vor dem Deich (Verschlickung) und anderseits mit einer Veränderung der Tideeigenschaften einhergeht (Vos und Knol, 2015; Schrijvershoff et al., 2024). Der Nachlauf morphologischer Veränderungen kann Jahrzehnte bis Jahrhunderte andauern (van Maren et al. 2023). Wie in Abschn. 5.2 näher ausgeführt wird, unterliegen die Zusammenhänge zwischen Ursache und Wirkung morphologischer Prozesse in natürlichen Systemen zahlreichen nichtlinearen Wechselwirkungen und verlaufen häufig unstetig. So treten am Tidepegel Büsum auch in den 1990er-Jahren Veränderungen auf, die jedoch nicht direkt mit großräumigen Effekten oder lokalen Baumaßnahmen begründet werden können. Hier könnten langfristige, morphologische Auswirkungen sichtbar werden, denen keine konkrete Ursache durch offensichtliche geografische oder zeitliche Nähe zugeordnet werden kann.

Beispiel Bremerhaven

Als letztes Beispiel soll der Pegel in Bremerhaven dienen, an dem sich statistisch signifikante Veränderungen der Tidekennwerte als Folge des SKN-14 m-Ausbaus (SKN – Seekartennull) der Außenweser in den Jahren 1998 bis 1999 gezeigt haben. Die Vertiefung von Flussmündungen führt zu Veränderungen der Gezeitenwasserstände in diesen Bereichen. Grundsätzlich wurden die physikalischen Vorgänge bei einer Ausbaggerung im Mündungsbereich großer Flüsse von Niemeyer (1999) bereits umfangreich beschrieben. Die Ausbaggerung von Flussmündungen führt unmittelbar nach der Vertiefung zu Veränderungen der Gezeitenwasserstände. Die daraus resultierende morphologische Anpassung nach der Vertiefungsmaßnahme selbst bewirkt eine weitere Veränderung der Tidewasserstände im Anschluss. Die Zeitskala bis zur Einstellung eines neuen Gleichgewichts wird bei Niemeyer (1999) im Bereich mehrerer Jahre quantifiziert, wobei neuere Quellen 2023 eher auf Jahrzehnte hinweisen. Grundsätzlich führt eine Vertiefung zu einer Vergrößerung des Querschnitts, wodurch sich eine größere Menge an Gezeitenenergie weiter flussaufwärts ausbreiten kann. Die Vergrößerung der Reichweite der Tidewelle verteilt sich theoretisch symmetrisch auf Hoch- und Niedrigwasserspitzen. Die Absenkung der Sohle, die in der Regel stromaufwärts zunimmt, bewirkt zusätzlich eine Absenkung des mittleren Wasserstandes. Die Überlagerung beider Effekte führt zu einer Absenkung des Tideniedrigwassers und zu einer Anhebung des Tidehochwassers, wobei erstgenannter Effekt relativ größer ist. Aus dem Anstieg der Tidehoch- und Tideniedrigwasserspitzen erfolgt zwangsläufig eine Erhöhung des Tidehubs. Ebener et al. (2021) konnten hier den sichtbaren, lokalen Veränderungen am Pegel Bremerhaven, d. h. einem signifikanten Anstieg der Tidehochwasser um über $+3$ mm/Jahr seit den 1930er-Jahren und einem Abfall der Tideniedrigwasser um über -2 mm/Jahr im selben Zeitraum, verschiedene Ausbaumaßnahmen zuordnen. Besonders deutlich und statistisch signifikant nachweisbar sind vor allem der SKN-14 m-Ausbau. Grundsätzlich fanden 1968 (SKN-10), 1969–1971 (SKN-12) und eben 1998–1999 (SKN-14) Ausbaumaßnahmen der Fahrrinne der Tideweser statt. In der Praxis wird die genaue Zuordnung von Ausbaumaßnahmen zu Veränderungen der Tide jedoch einerseits erneut durch die Überlagerung von großräumigen Entwicklungen, wie beispielsweise der Überlagerung des Anstiegs des Tidehochwassers durch die Ausbaggerungen und den parallel stattfinden Anstieg des mittleren Meeresspiegels, als auch die fortlaufenden Veränderungen im morphologischen Gleichgewicht. Es muss zudem anerkannt werden, dass einzelne Maßnahmen von anderen Maßnahmen überlagert sein können: Es wäre beispielsweise möglich, dass der Ausbau der Außenweser von dem Nachlauf der morphologischen Anpassungen infolge des Baus des Afsluitdijk beeinflusst wurde. Eine eindeutige statistische Zuordnung ist häufig nicht möglich, eine wahrscheinliche Tendenz jedoch klar erkennbar.

5.2 Flachwassereffekte und Sedimenttransport

Wie bereits an den in Abschn. 5.1 gezeigten Beispielen deutlich wird, spielt die Dynamik der Morphologie eines Systems eine entscheidende Rolle bei der Veränderung von Tidewasserständen. Die wechselseitige Beeinflussung dieser Größen ist jedoch ausgesprochen komplex und nichtlinear. Als Annäherung an diese Zusammenhänge ist zunächst ein Verständnis der physikalischen Phänomene der Tideasymmetrie und des daraus resultierenden Sedimenttransports notwendig. In diesem Kapitel wird daher das Phänomen der Tideasymmetrie zunächst theoretisch und nach Wirkzusammenhängen beschrieben. Anschließend werden die Auswirkungen von asymmetrischen Tiden bzw. der resultierenden Tideenergie auf den Sedimenttransport erläutert und es wird gezeigt, wie die Morphologie und ihre Dynamik mit der Tide in Zusammenhang stehen. Der Begriff der Tideenergie wird hier weit gefasst und beinhaltet sowohl die potenzielle Energie (Lageenergie, von der Höhe abhängig) als auch die kinetische Energie (Bewegungsenergie, von der Geschwindigkeit abhängig) der Tidewelle. Im Kontext von Flachwasserwellen wird häufig mit der Druckarbeit gerechnet. Die Vorstellung eines theoretischen Gezeitenkraftwerks kann hier das Verständnis erleichtern. Während der Flut strömt das Wasser in ein Becken ein und das Becken wird anschließend verschlossen. Zur Ebbe öffnet man das Becken und das Wasser fließt durch eine Turbine zurück in Richtung Meer, wodurch elektrische Energie erzeugt wird. Der Höhenunterschied beim erneuten Öffnen des Beckens zwischen Beckenwasserstand und Ebbwasserstand kann als potenzielle Energie interpretiert werden. Mit dem Öffnen des Beckens gerät das Wasser in Bewegung und die potenzielle Energie wird in kinetische Energie umgewandelt, welche durch die Turbine nutzbar wird. Die Fließgeschwindigkeit hinter der Turbine ist geringer als vor der Turbine, da ein Teil der kinetischen Energie in elektrische Energie umgewandelt wurde. Diesen Umwandlungsprozess zwischen potenzieller und kinetischer Energie bezeichnet man auch als Druckarbeit. Der Fokus dieses Kapitels liegt auf der Deutschen Bucht, wobei die erläuterten Effekte grundsätzlich in allen Flachwasserbereichen vorkommen.

5.2.1 Flachwassertiden

Der astronomische Antrieb der Gezeiten erzeugt eine Tidewelle im Nordatlantik, welche dann durch den Ärmelkanal sowie zwischen Schottland und Norwegen in die Nordsee einläuft. Es scheint daher nahezuliegen, dass sich die Tidewasserstände an unterschiedlichen Tidepegeln, abgesehen von den bereits beschriebenen lokalen, anthropogenen Effekten, nur zeitlich entsprechend des Verlaufs der Tidewelle folgend unterscheiden. Wie in Abb. 4.2 jedoch ausgeführt wurde, ist dies nicht der Fall. So kann der maximale Springtidehub an einigen britischen Nordseepegeln über 6 m betragen, während er an der niederländischen Westküste, beispielsweise am Hoek van Holland an der Rheinmündung, weniger als 2 m beträgt. Auch mehrjährige periodische Schwingungen, wie die Nodaltide, zeigen lokal deutliche unterschiedliche Auswirkungen in der Nordsee, obwohl prinzipiell dieselbe Tidewelle mit derselben Energie in das Nordseebecken einläuft.

Der Einfluss der Morphologie der Küste, des Küstenvorlandes sowie des gesamten Nordseeschelfs ist hier ursächlich. Ähnlich zu Windwellen, die am Strand auflaufen und vielen Wassersportlern das Wellenreiten ermöglichen, steilt sich die Tidewelle aufgrund von zunehmender Reibung im flachen Wasser aus dem tiefen Wasser bis zum Ufer auf („Shoaling"). Diese Verformung resultiert aus Bodenreibung bei Grundberührung der Welle. Wie in Abschn. 3.5 hergeleitet wurde, handelt es sich auch bei Tidewellen um Flachwasserwellen, da die Wellenlängen mit hunderten bis tausenden Kilometern bedeutend größer als die Wassertiefe sind. Das macht den Vergleich zu den Windwellen, die am Strand brechen, aufgrund des Größenunterschiedes zunächst wenig intuitiv, da man eine Tidewelle nicht als Ganzes betrachten kann. Die Vorstellung, auf einem Deich an der Nordsee stehend eine Tidewelle zu beobachten, hilft bei der Visualisierung. Steht man an einer unveränderlichen Position und beobachtet den Wasserstand, würde man Ebbe und Flut als vertikal steigendes und fallendes Wasser begreifen und nicht als Welle. Begreifen würde man die horizontale Bewegung erst, wenn man beispielsweise mit jemandem telefoniert, der in einiger Entfernung ebenfalls den Wasserstand beobachtet und uns berichtet, dass an seiner Position das Wasser früher (oder später) anfängt zu steigen.

Tidewellen verformen sich also analog zur Welle am Strand aufgrund von Reibung am Meeresboden. Im Gegensatz zu Windwellen spielen bei Tidewellen aufgrund ihrer großen

Wellenlängen und der großen bewegten Wassermasse turbulente Prozesse eine geringere und Massenträgheit eine größere Rolle. Dennoch gilt im Grundsatz auch hier: Je flacher das Wasser wird, desto stärker ist der Einfluss der Grundreibung, da der relative Einfluss in Bezug auf die Höhe des Wasserkörpers zunimmt. Diese Reibung ist ursächlich für die sog. „Flachwassertiden", bei denen es sich ebenso wie bei M2 oder S2 (siehe Kap. 3) um harmonische Partialtiden handelt. Zur Erinnerung: Alle Partialtiden, die der Gravitationskraft des Mondes zuzuordnen sind, enthalten beispielsweise ein „M" und die der Sonne ein „S". Da die Kräfte des Mondes für uns zweimal täglich maximal und minimal sind (eine Umrundung der Erde), ist für die meisten Tidesignale der Welt die halbtägige Mondgezeit M2 dominant. In der Nordsee macht sie rund 70-90 % des gesamten Tidesignals aus. Läuft die Tidewelle in flaches Wasser ein, wird ein Teil der Energie der Welle dissipiert und im Energiespektrum verschoben. Dabei entstehen Flachwassergezeiten, die häufig höherfrequent als die Hauptgezeit sind. Die bekannteste Flachwassertide von M2 ist die M4, also die vierteltägige Mondtide – aber auch sechstel-, achtel-, oder sogar zwölfteltägige Mondtiden können existieren, wenngleich ihre Bedeutung in der Praxis eher gering ist und mit zunehmender Frequenz tendenziell abnimmt. In den folgenden Abschnitten wird die dominante M4-Flachwassertide vereinfachend als Repräsentant aller Flachwassertiden betrachtet. Es handelt sich bei den Flachwassertiden im Vergleich zu den physikalisch begründeten Partialtiden, wie M2 oder S2, also um ein fiktionales Konstrukt, um die Verformung der Tidewelle beschreiben zu können, ganz ähnlich wie die bekannte N2-Partialtide die elliptische Umlaufbahn des Mondes simuliert bzw. ausgleicht. Durch das periodische Wiederkehren einer Hauptpartialtide wie der M2, treten auch die oben erklärten Reibungseffekte periodisch auf und werden entsprechend über eigene Partialtiden, beispielsweise der M4 berücksichtigt. Flachwassertiden resultieren somit aus keiner Gravitationskraft, sondern aus der astronomisch bedingten Periodizität der reibungsbedingten Verformung.

Der oben genannte Beobachter des Wasserstandes könnte eine Flachwassertide dementsprechend nicht direkt beobachten, könnte jedoch beispielsweise durch unterschiedliche Flut- und Ebbedauern indirekt auf die ihr zugrunde liegenden physikalischen Effekte schließen. Dennoch kann die theoretische, räumliche Verteilung der Flachwassertiden Aufschluss über das Ausmaß an Flachwassereffekten geben. Dazu betrachten wir die Amplituden der Flachwassergezeit M4 in Abb. 5.2. Die Darstellung ist analog zur Abb. 3.9 der M2-Gezeit zu verstehen. Es können mehrere wichtige Beobachtungen gemacht und Schlussfolgerungen gezogen werden, die den vorherigen theoretischen Erläuterungen entsprechen: (i) Die Amplitude von M4 ist im Mittel deutlich geringer als die von M2; (ii) es existieren mehr amphidromische Punkte aufgrund der hohen Abhängigkeiten der Flachwassertide von lokalen bzw. regionalen topographischen Gegebenheiten; (iii) dementsprechend ist die Veränderung der Amplitude räumlich deutlich variabler als bei der M2. In der Deutschen Bucht ist erkennbar, dass die Amplitude der M4 ansteigt, je näher wir zur Küste kommen, da genau in diesem Bereich die stärksten Flachwassereffekte vorliegen.

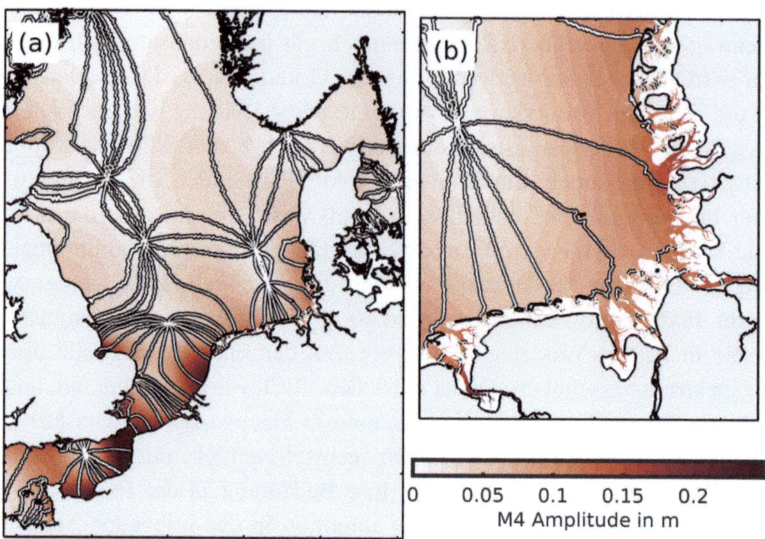

Abb. 5.2 Darstellung der Amplitude der Flachwassergezeit M4 in rot in der Nordsee (a) und in der Deutschen Bucht (b). Die Phase der M4 ist durch schwarz-weiße Konturlinien in 30°-Abständen angezeigt. Graue Flächen repräsentieren Land und weiße No-Data. Daten entnommen aus dem Jahr 2015 aus EasyGSH-DB (Hagen et al. 2020a)

Zusammenfassend lässt sich festhalten: Während des Einlaufens einer Tidewelle in flaches Wasser, z. B. an der Küste oder auch in einem Ästuar, wird die astronomisch bedingte, harmonische Tidewelle durch Grundreibung gebremst und durch die Generierung von Flachwassertiden dabei verformt. Als Konsequenz von Verformung sind die tidedynamischen Eigenschaften zwischen auf- und ablaufendem Wasser nicht mehr gleich oder in anderen Worten nicht mehr symmetrisch. Die Überlagerung einer astronomischen mit einer Flachwassergezeit in Abb. 5.3 macht dies deutlich. Durch die Entstehung einer höherfrequenten, phasenverschobenen Flachwassergezeit wird die Flutdauer in der Überlagerung im Vergleich zur Ebbedauer geringer. Dieses Signal wäre als flutdominant einzuordnen und der umgekehrte Fall als ebbdominant. Für ein Verständnis dieser Definition mag die folgende Vorstellung hilfreich sein: Eine flutdominante Tidewelle mit kürzerer Flut- als Ebbedauer strömt durch einen konstanten Querschnitt bei gleichbleibender Durchflussmenge. Das Tidevolumen muss aufgrund der Kontinuität bei einlaufender Flut schneller durch den Querschnitt transportiert werden und die Flutstromgeschwindigkeit ist entsprechend höher als die Ebbestromgeschwindigkeit. Flutstromdominanz lässt sich somit durch höhere Flut- als Ebbestromgeschwindigkeiten definieren.

Die Asymmetrie in den Dauern einer Tidephase, d. h. die Ungleichheit zwischen Flut- und Ebbphasen innerhalb eines Gezeitenzyklus, wird als Tideasymmetrie bezeichnet und kann sich in verschiedenen Formen äußern: z. B. der Ungleichheit von Ebbe und Flut, in der Höhe der Ebbe- und Flutwasserstände, ihrer Dauer oder auch der Magnituden der

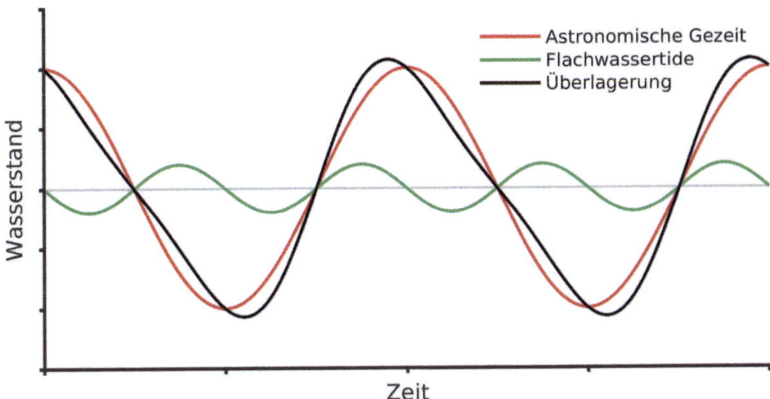

Abb. 5.3 Darstellung eines synthetischen Tidesignals bestehend aus einer astronomischen Gezeit (rot) und einer Flachwassertide (grün). Die Überlagerung beider Signale ergibt das resultierende, asymmetrische Tidesignal (schwarz)

Geschwindigkeit während Flut- und Ebbstrom. Ursächlich für Asymmetrie ist die Wechselwirkung zwischen astronomischen Gezeitenwellen und Topografie, da das ursprünglich sinusförmige Tidesignal, bei dem sich Ebbe und Flut spiegelbildlich verhalten, durch Reibung zwischen Wasserkörper und Untergrund sowie die Form des Untergrundes verformt wird. Eine stärkere Flut als Ebbe kann zu Netto-Sedimentimport in das Küstenvorland führen (Flutdominanz), während eine stärkere Ebbe Sedimente ins offene Meer exportiert (Ebbedominanz). Friedrichs und Aubrey (1988) zeigen diese Verformung beispielsweise am Phasen- und Amplitudenverhältnis von M2 und M4 oder Nidzieko (2010) an der statischen Schiefe der Wasserstandsverteilung.

Obwohl die Flachwassertiden ein theoretisches Konzept zur Beschreibung und Berechnung der flachwasserbedingten Verformung der Tidewelle darstellen, ist die Tideasymmetrie bzw. die zugrunde liegenden, reibungsbedingen Flachwassereffekte kein theoretisches Konzept, sondern ist in konkreten Messwerten ablesbar. Um dies zu verdeutlichen, ist im Folgenden der gemessene Verlauf der Tidekurve an verschiedenen Pegeln in der Nordsee beispielhaft dargestellt (Abb. 5.4). Die in Aberdeen (Schottland, 1) und Roscoff (Frankreich, 2) einlaufenden Tidewellen sind relativ symmetrisch und zeigen ein symmetrisches, sinusförmiges Verhalten. Sie ähneln damit stark dem periodischen Verlauf der astronomischen gezeitenerzeugenden Kräfte. Die Amplitude ist in Roscoff jedoch doppelt so hoch aufgrund der Trichterwirkung des südlichen Ärmelkanals. Nachdem der Ärmelkanal wenige 100 km nordöstlich von Roscoff weiter passiert wurde, weist der Pegel in Hoek van Holland (Niederlande, 3) eine flutdominante Verformung auf und ist nicht mehr sinusförmig. Tidesignale entlang des Wattenmeers (Niederlande bis Dänemark, 4 bis 7) weisen ebenfalls starke Verformungen auf. In Büsum ist beispielsweise eine Plateaubildung bei Ebbe zu erkennen, Esbjerg weist einen deutlich runderen Flut-

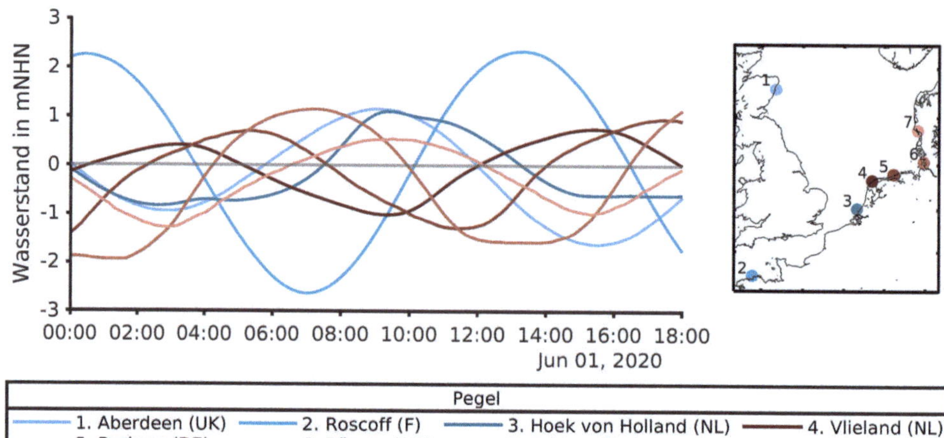

Abb. 5.4 Darstellung von Tideganglinien an Pegeln im gesamten Nordseegebiet. Man beachte die Unterschiede der Form zwischen den Pegeln nahe des Nordatlantik (1, 2) und im Rhein-Maas-Delta (3) im Vergleich zu den Pegeln im Wattenmeerbereich (4 bis 7)

als Ebbeverlauf auf. All diese verschiedenen Aspekte resultieren aus Flachwassereffekten, die aus Reibung, Beckengeometrie und Topografie im Flachwasser entstehen.

Der Zusammenhang zwischen Tide und Topografie im Flachwasser erscheint auf den ersten Blick eindeutig. Die Geometrie des Systems erzeugt eine Verformung der Tidewelle, vor allem durch reibungsinduzierte Aufsteilung (Shoaling) und Reflektion, wobei diese Prozesse sowohl einzeln als auch überlagert die Tidedynamik bestimmen. Ein Beispiel dafür ist die Reflektion der Tidewelle an der Küstenlinie oder am Tidewehr eines Ästuars. Auch Tidewellen werden, ähnlich einer wind- oder schiffsinduzierten Welle, an einem vertikalen Hindernis zurückgeworfen.

Eine Vielzahl an Prozessen bestimmt sowohl einzeln als auch überlagert die Tidedynamik im flachen Wasser. Flachwassereffekte im Sinne von Flachwassertiden machen hierbei den größten Anteil im Küstenvorfeld aus – Reflektion ist beispielsweise ein Phänomen, das vorwiegend in der Ästuardynamik hervortritt. Entsprechend werden nachfolgend die reibungsinduzierten Flachwassertiden thematisiert, da diese für die Tidedynamik und den Küstenbereich der Nordsee die dominanten Effekte darstellen. Dabei wird die Topografie vorerst implizit als unveränderlich angenommen. Während diese Vorstellung zu einem festen Zeitpunkt sehr nah an den tatsächlichen Gegebenheiten ist, darf bei einer Betrachtung über längere Zeiträume der wechselseitige Einfluss zwischen Topografie mit Tide (und Seegang) nicht vernachlässigt werden. Tide und Seegang verändern die Topografie (auch Morphologie) an der Küste ständig und zusätzlich können Extremereignisse wie Stürme sogar disruptiv sein (Vet et al., 2020). Abb. 2.5 verdeutlicht, dass Umlagerungen in der Größenordnung von mehreren Metern als Konsequenz natürlicher

Morphodynamik selbst über morphologisch kurze Zeiträume (Jahre bis Jahrzehnte) häufig auftreten. Da viele Uferlinien in der Nordsee jedoch anthropogen befestigt sind oder Steilküsten aufweisen, sind diese Bereiche von den treibenden Kräften unbeeinflusst.

Besonders deutlich wird dieser Zusammenhang, wenn man den Anstieg des Meeresspiegels in der Nordsee und seine Folgen auf die Tiden prognostizieren möchte. Die Veränderung eines Parameters des Systems Nordsee, nämlich des mittleren Meeresspiegels ist mithilfe moderner, computergestützter Modelle leicht beschreibbar. Auf Basis der Equilibrium Tide Theory, in denen ein tieferer Wasserstand eingespielt wird, können numerische Modelle auch die veränderten Tidebedingungen mit einer Genauigkeit von wenigen Zentimetern simulieren und mit einer gewissen Genauigkeit auch die Küstenform berücksichtigen. Hebt man den Meeresspiegel also beispielsweise im Modell um einen Meter an, kann man die veränderten Tidewasserstände berechnen. Diese würden in der Realität so allerdings nicht eintreten, da aus dem ansteigenden Meeresspiegel zwingend eine Veränderung der Morphologie folgt, welche wiederum die Tidewasserstände beeinflusst. In diesem Zusammenhang spricht man häufig verallgemeinernd von nichtlinearen Effekten, wobei gegenwärtig (Stand: Anfang 2025) noch keine zufriedenstellende Lösung dieser Problematik gefunden worden ist. Die praktischen Auswirkungen dieser Problemstellung zeigen sich in der Fachliteratur bei der Vorhersage der Tidedynamik für einen steigenden Meeresspiegel: Unterschiedliche Annahmen zur Entwicklung der Morphologie der Küste bei Meeresspiegelanstieg können in der Modellierung den Unterschied zwischen beckenweiter Zu- oder Abnahme im Tidehub in der Nordsee bedeuten (Ward et al. 2012; Pickering et al. 2012; Jordan et al. 2021). Gleichermaßen können lokale, natürliche Veränderungen der Morphologie sowohl lokale als auch regionale Konsequenzen haben, die ebenfalls noch nicht vorhergesagt werden können. Zwischen 2006 und 2010 entstand im Mündungsbereich der Elbe beispielsweise eine zweite große Rinne. Als Folge dieser Veränderung nahm der Tidehub am ca. 100 km stromab gelegenen Pegel St. Pauli sprunghaft zu (Weilbeer et al., 2021).

Zusammenfassend lässt sich festhalten: Einerseits beeinflusst die die Gewässergeometrie im Flachwasser die Form und Amplitude der Tidewelle durch reibungsinduzierten Energieverlust, andererseits gestalten das Tidegeschehen und die Asymmetrie der Tide zu einem großen Teil die Form des Meeresbodens. Diese permanente Wechselwirkung wird in Fachkreisen scherzhaft auch als nichtlineares Henne-und-Ei-Problem bezeichnet.

5.2.2 Antreibende Kräfte und das dynamische Gleichgewicht

Geht man nun, umgekehrt zu dem Beispiel des Anstiegs des mittleren Meeresspiegels, von konstanten äußeren Bedingungen aus, strebt ein natürliches System auf langen Zeitskalen ein Gleichgewicht zwischen der Dynamik des Wasserkörpers und der Morphologie an. Bezogen auf die Dynamik der Topografie (Morphodynamik) in flachen Küstenmeeren sind die maßgeblich treibenden Kräfte für Sedimenttransport in den meisten Fällen

Tide und/oder Seegang. Diese Kräfte wirken auf Grundlage von äußeren überregionalen Randbedingungen wie beispielsweise dem mittleren Meeresspiegel oder dem typischen Sturmklima. Nimmt man zusätzlich vereinfachend an, dass Sediment unendlich verfügbar ist und keine Quellen/Senken (beispielsweise Baggerung oder Ufererosion) vorliegen, kann man einen theoretischen Gleichgewichtszustand antizipieren. Wenn Tide und Seegang somit über lange Zeit (Jahrhunderte) auf eine Küste wirken, wird die Morphologie sich den treibenden Kräften anpassen. Ein Gleichgewicht liegt vor, wenn das System über längere Zeiträume weder nennenswert Sediment netto importiert noch exportiert (Pritchard und Hogg 2003) oder der Küstenquerschnitt im Wesentlichen unverändert bleibt (Friedrichs, 2011). Dies wird in der Fachliteratur als dynamisches Gleichgewicht bezeichnet (Friedrichs, 2011), wenngleich die Definition dieses Zustands nicht eindeutig ist und interpretierbar bleibt. So können beispielsweise disruptive Ereignisse wie außergewöhnlich schwere Sturmfluten selbst in Systemen im Gleichgewicht starke Veränderungen hervorrufen, die anschließend ein neues Gleichgewicht zur Folge haben. Das Gleichgewicht wird als dynamisch bezeichnet, da Sedimenttransport und Morphodynamik zwar weiterhin stattfinden, jedoch keine maßgebenden Änderungen mehr verursachen. Zum besseren Verständnis des dynamischen Gleichgewichts sollen die folgenden drei Beispiele dienen:

(1) Eine anthropogen vertiefte Fahrrinne wird wahrscheinlich aufgrund natürlicher Dynamik sedimentieren, da die tideinduzierte Schubspannung dort durch einen größeren Fließquerschnitt verkleinert wurde. Im Vergleich zum natürlichen Zustand liegt nach der Vertiefung ein Sedimentdefizit vor, da eigentlich eine geringere Tiefe das Gleichgewicht darstellt. Im Gegensatz dazu wird die Verklappstelle des Aushubs erodieren, da mehr tideinduzierte Schubspannung auf einen geringeren Fließquerschnitt trifft.

(2) Steigt in einem natürlichen Tidebereich der mittlere Meeresspiegel an, befindet sich das System ebenfalls im Sedimentdefizit, da die Sohle nicht mit dem Meeresspiegel gewachsen ist (Khojasteh et al. 2021). Auch hier sollte Sedimentimport erwartet werden.

(3) Bestehen erhebliche Sedimentquellen, beispielsweise durch Klippenabbrüche oder Ufererosion, sind Versandung oder Verschlickung von nachfolgenden Küstenabschnitten möglich.

Einen grob vereinfachten Überblick über die Prozesse und Kreisläufe, die auf langen Zeitskalen zu einem dynamischen Gleichgewicht führen, gibt Abb. 5.5. Externe treibende Kräfte und deren begleitende Faktoren, z. B. mittlerer Meeresspiegel, erzeugen tide- und seegangsinduzierte Schubspannung auf dem Meeresboden, was Erosion zur Folge hat. Das erodierte Sediment wird transportiert und woanders deponiert, beispielsweise an einem Ort mit geringerer Schubspannung. Dieser Prozess findet parallel an vielen Stellen eines Systems statt und wird unter dem Begriff Sedimenttransport zusammengefasst. Zusätzlich existieren Quellen und Senken wie beispielsweise Sandentnahmen oder die

Verbringung von Baggergut und die Quantität an Sedimenttransport ist von der Verfügbarkeit erodierbaren Sediments abhängig. Besteht ein Gewässerbett beispielsweise aus leicht erodierbarem, feinem Sand, ist die Masse an bewegtem Sediment wahrscheinlich größer als bei einem felsigen oder grobsandigen Gewässerbett. An dieser Stelle beginnt die nichtlineare Beziehung zwischen Morphologie, Tide und Seegang. Die aus dem Sedimenttransport resultierende Veränderung des Gewässerbetts und damit der Wassertiefe verändert, trotz vergleichbarer externer treibender Kräfte und Sedimentverfügbarkeit, die Wirkung der lokalen tide- und seegangsinduzierten Schubspannung. Die Theorie des dynamischen Gleichgewichts begreift diese Prozesse als iterativ, wobei die Rate der morphodynamischen Veränderung bei konstanten treibenden Kräften auf langen (unendlichen) Zeitskalen im Sinne eines Gleichgewichts gegen null geht.

Die Realität ist jedoch komplexer als diese Modellvorstellungen. Einerseits ist das vorliegende Schaubild aus Abb. 5.5 stark vereinfacht, da viele weitere Prozesse den Sedimenttransport selbst beeinflussen und andererseits sind nahezu alle aquatischen Systeme vom Menschen stark verändert und damit weit von einem Gleichgewicht entfernt. Da die Anpassung der Morphologie an natürliche und menschengemachte Veränderungen Jahrhunderte dauern kann, ist das Erreichen eines Gleichgewichtzustands in der Realität

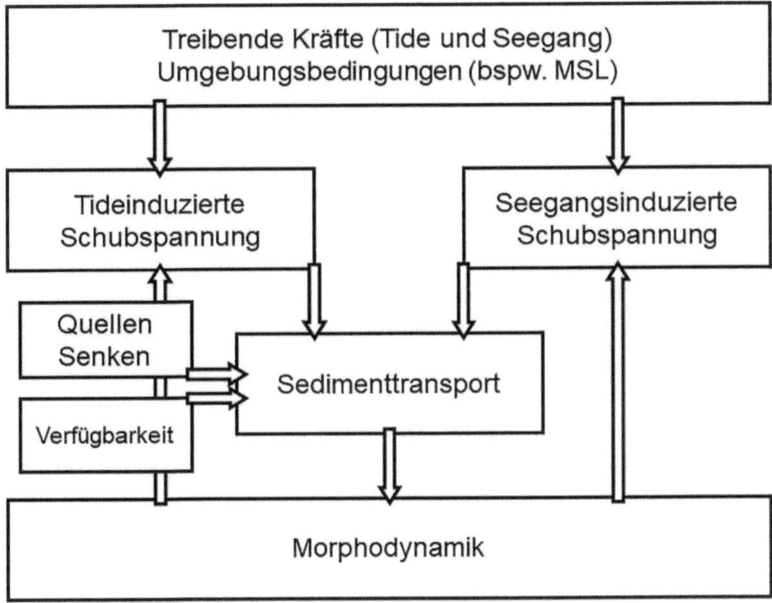

Abb. 5.5 Vereinfachte Darstellung morphodynamischer Prozesse in Küstenmeeren, an der Küste und in Ästuaren. Viele den Transport beeinflussende Prozesse, wie beispielsweise biologische Faktoren, sind in dieser Darstellung vernachlässigt

somit eher unwahrscheinlich aufgrund immer wieder neu auftretender, externer Veränderungen wie beispielsweise weiteren anthropogenen Bauwerken und Eingriffen. Somit ist das Streben des Systems hin zu diesem Gleichgewichtszustand für wissenschaftliche Betrachtungen relevanter als das tatsächliche (Nicht-)Erreichen dieses Zustandes.

Um die Prozesse dieses dynamischen Gleichgewichts zu verstehen, ist es zielführend, die importierenden und exportierenden Kräfte im Verhältnis zu betrachten. In diesem Zusammenhang spricht man von der Asymmetrie der Tide bzw. von erosiven Kräften, die unmittelbar aus der Tideenergie bzw. ihrer Druckarbeit resultieren. Hierbei wird in Euler'sche Asymmetrie am Punkt, beispielsweise am Pegel, und in Lagrange'sche Asymmetrie in der Fläche, beispielsweise einem Tidebecken unterschieden (Ridderinkhof, 1997; Pritchard, 2005). Es existieren zahlreiche Erweiterungen dieser grundlegenden Betrachtungsweisen, bezogen auf Sedimenteigenschaften (van Maren & Winterwerp, 2013) oder auf die Zerlegung von Sedimentflüssen (Gatto et al., 2017), wobei in diesem Kapitel die grundlegenden Konzepte, vor allem in Bezug auf die tideinduzierte Sedimentumlagerung, im Weiteren beschrieben werden.

5.2.3 Lagrange'sche Tideasymmetrie

Das Prinzip von Sedimentation und Erosion aus Beispiel 1 (s.o.) lässt sich auch auf natürliche Systeme übertragen. Da seegangsinduzierte Schubspannung an der Küste ebenfalls eine große Rolle spielt, muss in Bezug auf Sedimenttransport in zwei Fälle unterschieden werden: (i) Normal- und (ii) Sturmbedingungen. Der Einfluss von Seegang macht die Erreichung eines Gleichgewichtszustands komplexer, da Seegang episodisch und sehr heftig, also mit sehr großer Energie, auftritt. Im Vergleich dazu hat die Tide deutlich weniger Energie, aber tritt periodisch und ständig auf. Es sei erwähnt, dass die nachfolgende Systemvorstellung vereinfachend ist und Sedimenttransport in realen Systemen von einer Vielzahl an ineinandergreifenden Prozessen bestimmt wird. Für das Verständnis von flachwasserinduzierten Wechselwirkungen zwischen Tide und Morphologie im Kontext einer Gleichgewichtsbeziehung ist es jedoch eine geeignete Vorstellung, da die zugrunde liegende Physik deutlich wird. Nachfolgende Beispiele gehen von einem schematischen Küstenquerschnitt (See–Land) mit offener Küste und einer flachen, freien Wattfläche ohne Vegetation aus. Das Vorhandensein von Barriereinseln wirkt sich auf nachfolgende Zusammenhänge nicht grundsätzlich aus, jedoch ist durch die schützende Wirkung der Inseln die Seegangsenergie hinter ihnen deutlich geringer. Die Tide gewinnt damit in diesem Bereich relativ an Bedeutung.

Unter Normalbedingungen bei geringer oder keiner Seegangsbelastung (Abb. 5.6) ist die Strömungsgeschwindigkeit und damit das Erosionspotenzial im tieferen Wasser größer als im Flachwasser, da Reibungseffekte mit abnehmender Wassertiefe dämpfend wirken. Das Erosionspotenzial ist bei einlaufender Flut im tiefen Bereich hoch, da dort die Strömungsgeschwindigkeit und damit die tideinduzierte Schubspannung hoch ist. Die

Sedimentkonzentration im tiefen Wasser steigt und Sedimente werden mit der Flutströmung in Richtung der flacheren Bereiche bewegt. Die Schubspannung während Flut nimmt im flachen Wasser, beispielsweise auf dem Watt, reibungsbedingt ab und das Erosionspotenzial verringert sich. Sobald die Schubspannung niedrig genug ist, findet Deposition statt. Bei einsetzendem Ebbestrom nach dem Flutstrom ist das Erosionspotenzial aufgrund geringer Strömungsgeschwindigkeit am flachen Depositionsort nicht groß genug für den analogen Rücktransport. Unter Normalbedingungen findet somit ein residueller Transport von Sediment von tieferen in flachere Bereiche statt.

Unter Sturmbedingungen (Abb. 5.7) kehrt sich dieses Verhalten um, da das seegangsinduzierte Erosionspotenzial in flachen Bereichen sehr groß wird. Aufbauend auf dem Transportverhalten unter Normalbedingungen (Abb. 5.6) besteht die grundlegende Tideströmung weiterhin und bestimmt die Bewegungsrichtung von Sedimentpartikeln. Durch den Seegang unter Sturmbedingungen ist das Erosionspotenzial und damit auch die Sedimentkonzentration in den flachen Bereichen höher als im tieferen Wasser. Mit einsetzendem Ebbestrom werden die durch den Seegang erodierten Sedimente mit dem Ebbestrom seewärts bewegt. Der Transport findet unter Sturmbedingungen somit von flachen, seegangsbeeinflussten Bereichen in Bereiche mit ausreichend niedrigem Erosionspotenzial statt. Diese Zusammenhänge werden unter dem Begriff Lagrange'sche Tideasymmetrie zusammengefasst. Die Erkenntnisse aus diesem Konzept sind grundlegend für morphodynamische Ausgleichsprozesse auf langen Zeitskalen. Bezogen auf

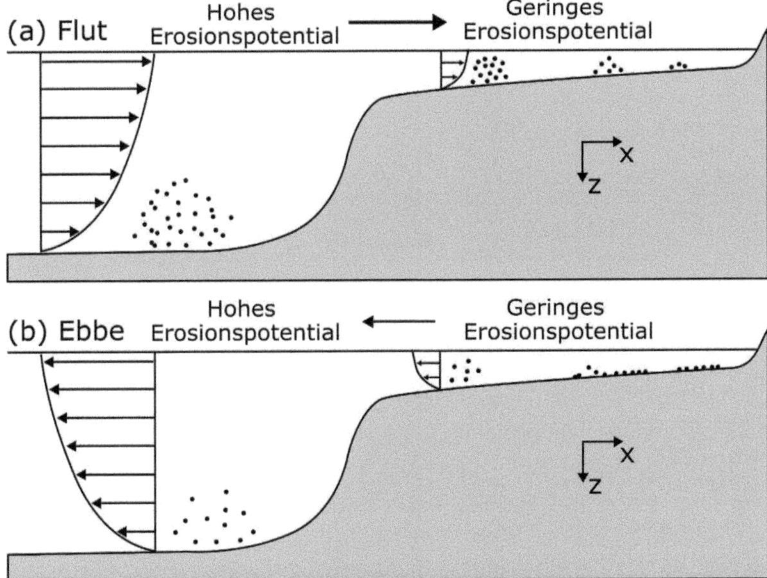

Abb. 5.6 Schematische Darstellung des residuellen Sedimenttransports in einem typischen Küstenquerschnitt unter Normalbedingungen bei Flut- (a) und Ebbestrom (b)

das Verständnis eines dynamischen Gleichgewichts sind diese Zusammenhänge gleichermaßen elementar, da Veränderungen im System, wie beispielsweise Verschlickung oder andauernde Erosion Ungleichgewichte andeuten, die mit hoher Wahrscheinlichkeit aus o.g. Konzepten resultieren.

5.2.4 Euler'sche Tideasymmetrie

Abseits der Grundprinzipien aus der Lagrange'schen Tideasymmetrie existieren im flachen Wasser quantifizierbare Effekte, die aus der Asymmetrie des Tidesignals selbst resultieren. Auch hier existieren zahlreiche Definitionen und Typen für Asymmetrien in der Fachliteratur. Der Fokus liegt nachfolgend auf barotropen Effekten, d. h. es werden dichtebedingte, sog. barokline Effekte, im Folgenden nicht betrachtet. Diese Vereinfachung verringert die Komplexität deutlich und wird immer dann vorgenommen, wenn dichtebedingte Effekte vernachlässigbar klein sind, beispielsweise bei starker vertikaler Durchmischung der Wassersäule im Gegensatz zu einer geschichteten Wassersäule. Letztere tritt beispielsweise im Sommer bei langanhaltend hohen Temperaturen oder auch bei

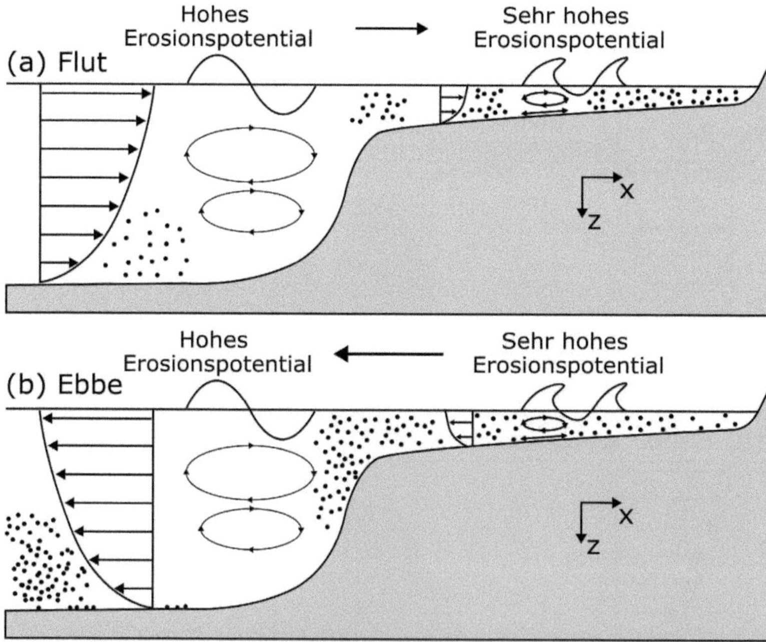

Abb. 5.7 Schematische Darstellung des residuellen Sedimenttransports in einem typischen Küstenquerschnitt unter Sturmbedingungen bei Flut- (a) und Ebbestrom (b)

der Durchmischung von Salz- und Süßwasser auf. Für eine allgemeine Betrachtung ist eine barotrope Betrachtung ausreichend und eine übliche Vorgehensweise.

Barotrope (Euler'sche) Tideasymmetrien können in drei Kategorien unterteilt werden: Tidal Duration Asymmetry (TDA), Flow Velocity Asymmetry (FVA) und Flow Duration Asymmetry (FDA). TDA kann frei als „Tidedauerasymmetrie" übersetzt werden und liegt vor, wenn sich Flut- und Ebbedauer unterscheiden. FVA („Strömungsasymmetrie") beschreibt das Verhältnis zwischen der maximalen Strömungsgeschwindigkeit während Flut- und Ebbestrom und FDA als „Stauwasserasymmetrie" die Dauer geringer Strömungsgeschwindigkeit (im Allgemeinen kleiner als 20 cm/s) im Anschluss an einen Flut- oder Ebbestrom. Jedem dieser Effekte kann der Sedimenttransport von Sedimentpartikeln mit besonderen Eigenschaften zugeordnet werden (Dronkers, 1986). Zur Erinnerung: Wichtig ist hierbei der Zusammenhang, dass die Verformung einer astronomischen Gezeit im flacheren Wasser durch Flachwassertiden beschrieben wird. Ob dies am Beispiel der Mond-, Sonnen- oder anderer Tidekomponenten gezeigt wird, ändert nichts an den grundsätzlichen Wirkprinzipien (Wünsche et al., 2024). Daher wird im Folgenden als einfaches Beispiel ein Signal aus Haupt- und Flachwassergezeit betrachtet.

Aus beiden Signalen lässt sich mit einer harmonischen Funktion ein Tide- bzw. ein eindimensionales Strömungssignal konstruieren, das beliebig über die Zeit entlang der Zeitachse (der Phase) verschoben werden kann. Durch einfache Addition von Haupt- und Flachwassergezeit erhalten wir das kombinierte Tidesignal, mit dem man maximal flutdominante Situationen für TDA, FVA und FDA erzeugen kann. In der Realität hängt die Amplitude und Phase von Wassertiefe, Amplitude und der Form des eingehenden Signals sowie von der lokalen und von der umgebenden Tiefenverteilung ab. Ein einfaches Maß für die Stärke der Tideasymmetrie ist das Verhältnis der Amplitude von Flachwassergezeit zu Hauptgezeit. Die Flut- oder Ebbdominanz kann durch die Phasenverschiebung φ beider Signale zueinander bestimmt werden (Friedrichs & Aubrey, 1988). Bildlich gesprochen zieht oder drückt die Kurve der Flachwassergezeit in die eine oder andere Richtung.

In Abb. 5.8 sind TDA, FVA und FDA schematisch anhand der halbtägig wirkenden Gravitationskraft des Mondes (M2) mit der ersten Flachwassergezeit (M4) dargestellt. Zur besseren Anschaulichkeit wird die Flachwassergezeit M4 mit einer Amplitude von 20 % von der Hauptgezeit M2 verwendet. In den meisten realen Systemen wäre dies eine starke Überschätzung, jedoch wird so die Wirkung von Flachwassertiden auf Tidewasserstand und Tideströmung deutlicher. In Abb. 5.8 (a) ist eine flutdominante Tidedauerasymmetrie (TDA) erkennbar. Diese resultiert aus einer um 90° verschobenen vierteltägigen Flachwassergezeit M4 zur halbtäglichen Gezeit M2. Eine kürzere Verschiebung (beispielsweise von 0-90° bzw. von 90-180°) resultiert in eine geringere TDA-Flutdominanz bzw. im Bereich von 180-360° gilt das analoge Phänomen für die Ebbedominanz. Im gezeigten Signal beobachten wir eine kürzere Flut- als Ebbedauer, obwohl die Amplitude des überlagerten Signals als auch Tidehoch- und Tideniedrigwasser, identisch sind.

Eine flutdominante Strömungsasymmetrie (FVA) (Abb. 5.8 (b)) zeichnet sich durch höhere maximale Strömungsgeschwindigkeiten bei Flut als bei Ebbe aus. Analog zur

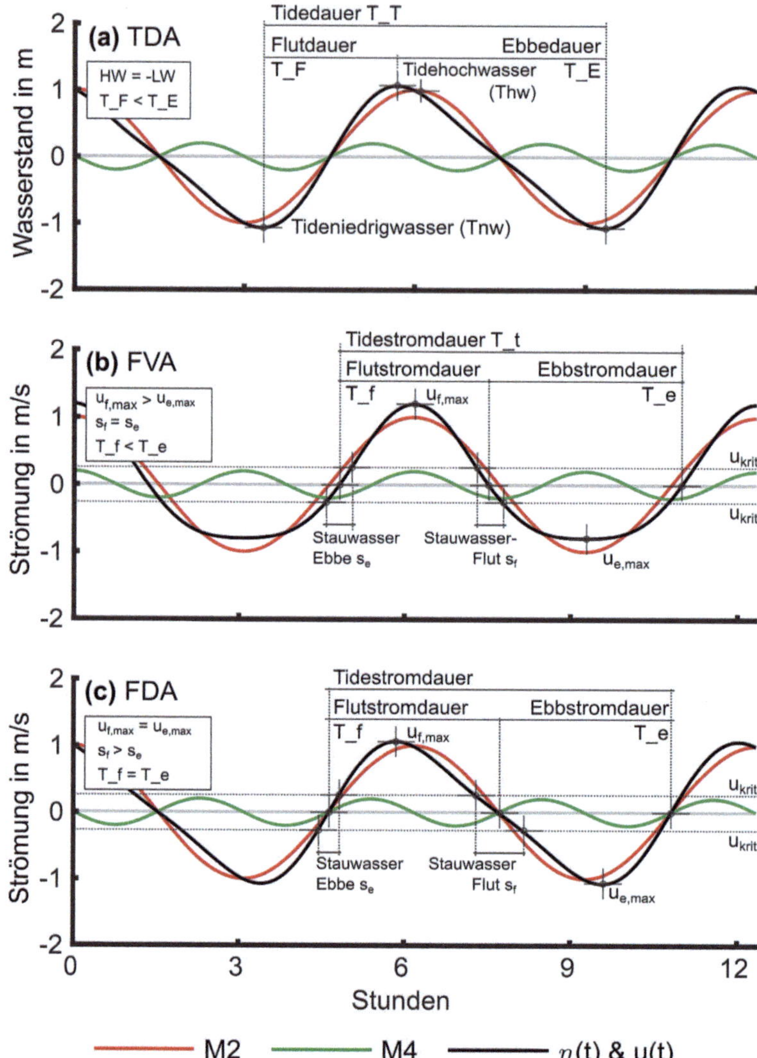

Abb. 5.8 Darstellung der Tideasymmetrie-Typen TDA, FVA und FDA im maximal flutdominanten Fall mit der Tidedauerasymmetrie (TDA) des Wasserstands η (a), der Strömungsgeschwindigkeitsasymmetrie (FVA) der Strömung u (b) und der Stauwasserasymmetrie (FDA) (c). Das Tidesignal wurde aus einer gewählten halbtägigen Haupttide (z. B. M2, rot) mit einer gezielt phasenverschobenen vierteltägigen Flachwassertide (z. B. M4, grün) in einem Signal (schwarz) überlagert. Abbildung abgeändert nach Lepper (2023)

TDA wird dies durch eine kürzere Flutstrom- als Ebbestromdauer ausgelöst. Die FVA-Flutdominanz liegt also vor, falls die maximale Strömungsgeschwindigkeit bei Flut- höher als bei Ebbestrom ist. Die Dauer geringer Strömungsgeschwindigkeiten (Stauwasser) ist in diesem Beispiel bei Ebbe und Flut exakt gleich.

Die Stauwasserdauer hat beispielsweise einen großen Einfluss auf die Deposition von sehr feinem Sediment mit geringen Sinkgeschwindigkeiten (kleiner als 1 mm/s), da mehr Zeit zum Absinken benötigt wird, um die Gewässersohle erreichen zu können Die Stauwasserasymmetrie (FDA) in Abb. 5.8 (c) bezeichnet also einen Zustand, der auf den ersten Blick perfekt symmetrisch erscheint, da weder bei maximalen Strömungsgeschwindigkeiten noch bei Flutstrom- bzw. Ebbestromdauer Asymmetrien vorliegen. Der einzige Unterschied liegt in der Länge der Stauwasserdauer durch die Schiefe der überlagerten Kurve aus dem steileren Flutast.

Mit diesen drei Deskriptoren TDA, FVA und FDA lässt sich der voraussichtliche Sedimenttransport im System und damit die Richtung des Transports und die Veränderung der Morphologie gut schätzen bzw. auch ihre Entfernung vom Gleichgewicht verstehen. Ein System im Gleichgewicht wäre in Summe weder flut- noch ebbdominant, sondern eher ausgeglichen. Lokal können aufgrund der geometrischen Gegebenheiten Flut- und Ebbedominanz vorliegen, jedoch gleichen sich im Gleichgewicht beide Prozesse über eine gewisse räumliche Skala aus.

Bezogen auf den advektiven Transport von Sediment gibt TDA Hinweise auf die Dauer und die Richtung des Transports. Die FVA bringt weitere Erkenntnisse: Es gibt Sedimentfraktionen, die hohe Kräfte für Erosion und Transport benötigen, wie beispielsweise Grob- oder Mittelsand. Ist die FVA somit deutlich flutdominant, ist es also wahrscheinlich, dass diese Fraktionen ausschließlich in Flutrichtung bewegt werden können, weshalb FVA in der Fachliteratur häufig als Indikator für den Transport von Sand vorgeschlagen wird (Dronkers, 1986). In flutdominanten Ästuaren führt dies häufig zu einem stromauf Transport von Sediment. Zusätzlich ist die erosive Energie bei einer FVA-Dominanz in einer Tidephase deutlich größer, was die mobilisierte Sedimentmenge je Phase asymmetrisch macht, ähnlich der Lagrange'schen Überlegungen. Während einer Tidephase wird also mehr Masse erodiert und das Sediment verlagert sich. Für sehr feine Sedimente ist der Betrag der Energie weniger wichtig, da sie generell leicht erodieren – hier ist die Dauer des Transports, also TDA und FDA, ein Einflussfaktor für die resultierende Richtung. Zusätzlich ist es wichtig, wie viel Zeit langsam sinkenden, feinen Sedimenten entsprechend der FDA verbleibt, um sich am Depositionsort zu sammeln, da viele feine Sedimente während des Stauwassers gar nicht absinken können. Unter Zugrundelegung einer typischen Sinkgeschwindigkeit für feines Sediment von 1 mm/s würden Sedimentpartikel während einer großzügigen Stauwasserdauer von 30 min nur 1,8 m absinken. Liegt FDA-Flutdominanz vor, wird das Feinsediment besser bei Flut als bei Ebbe deponiert. Ein Netto-Transport in Flutrichtung resultiert.

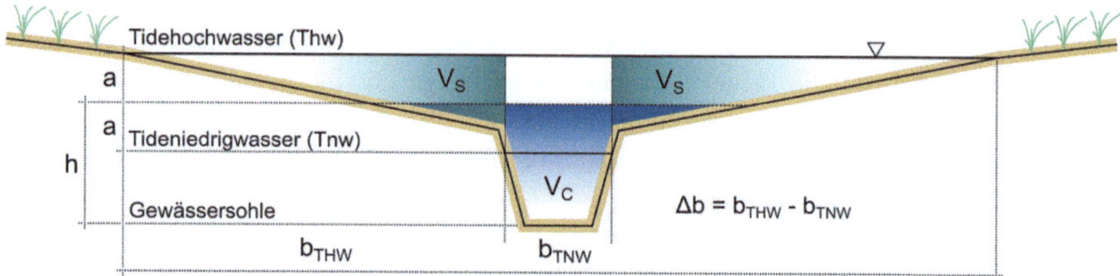

Abb. 5.9 Querschnitt einer Tiderinne mit Überflutungsflächen und geometrischen Deskriptoren bezogen auf Tideamplitude a, Wassertiefe h, Überflutungsbreite b und Wasservolumina V in verschiedenen Tidephasen (Lepper, 2023)

5.2.5 Geometrische Zusammenhänge

Auf Basis der Topografie und der ungefähren Tideamplitude eines Systems kann die wahrscheinliche Tideasymmetrie vorhergesagt werden. Diese wird für einen festen Zeitpunkt vereinfachend als unveränderlich angenommen, um ihren Einfluss zu beschreiben – auch wenn in der Realität permanente Wechselwirkungen stattfinden. In Anlehnung an Friedrichs (2010) wird nachfolgend die topografisch bedingte Tideasymmetrie in kurzen, flachen, konvergierenden Ästuaren, analog zu Watt-Rinnensystemen, dargestellt. Da Ästuare im Vergleich zu Tidewellen stets kurz sind, kann man diese Erkenntnisse prinzipiell auf alle Systeme mit Wattflächen und Tiderinnen übertragen und so verstehen, warum beispielsweise künstlich vertiefte Ästuare häufig flutdominant sind. Eine Tiderinne ist eine tiefe, gerinneartige Struktur, die zwischen Wattflächen verläuft und durch Ebbe und Flut geformt und verändert wird. Die Rinnen sind wichtige Elemente in der Morphologie von Küstengebieten, da die Flut durch Tiderinnen in den Küstenstreifen und auf die benachbarten Wattbereiche gelangt. Sie können als Schnittstelle zwischen dem offenen Meer und dem Watt-Rinnensystem der Küste im Wattenmeer begriffen werden.

In einem schematischen Tiderinnenquerschnitt mit Überflutungsflächen, beispielsweise Watt (Abb. 5.9), ist zu erkennen, welche geometrischen Parameter in Watt-Rinnensystemen (Beispiel in Abb. 5.10) relevant sind und wie sie mit der Verformung der Tidekurve in Verbindung stehen. Während Tideniedrigwasser liegen die Überflutungsflächen trocken und sind von der Tidedynamik nicht beeinflusst. Sobald eine Tidewelle in dieses System einläuft und das Wasser bis auf das Tidehochwasser steigt, hat sich der Querschnitt deutlich verbreitert. Während des Überflutens sind die Wassertiefen auf dem Watt besonders gering und Reibungseffekte sind dementsprechend groß: Die einlaufende Flut wird durch Überflutungsflächen verlangsamt. In diesem Zusammenhang ist das mögliche Speichervolumen Vs auf den Wattflächen relevant, was beschreibt, wie groß das Wasservolumen auf dem Watt zwischen Tidehoch- und Tideniedrigwasser ist. In einem System ohne Wattflächen existieren diese Effekte nicht und die Flut läuft ungebremst ein. In diesem Fall ist das Speichervolumen Vs gleich null.

Abb. 5.10 Luftbildaufnahme eines Watt-Rinnensystems mit Hallig in Nordfriesland. Die grünen Salzmarschflächen beschreiben Gebiete, die bei sehr hohen Hochwassern und Sturmfluten überflutet werden. Die große Tiderinne rechts im Bild ist immer überflutet und befüllt das Tidesystem und das Watt über kleine Nebenrinnen (BAW, 2025; CC-by 4.0)

Folglich bestimmen Existenz, Breite und Speichervolumen von Überflutungsflächen die mögliche Tideasymmetrie. Hierbei fördert viel Überflutungsfläche die Ebbedominanz aufgrund der Dämpfung der einlaufenden Flut auf dem Watt bei sehr geringer Wassertiefe und wenig bzw. keine Überflutungsfläche die Flutdominanz. Ein tidales Flusssystem ohne Überflutungsflächen ist somit zumeist flutdominant, während eine Tiderinne in einem Tidebecken mit großflächigem Watt häufig ebbdominant ist. Reale Systeme liegen häufig zwischen diesen beiden Extrema, weshalb es analytische Zusammenhänge gibt, die Anhaltspunkte zum wahrscheinlichen Systemverhalten geben. Diesen Zusammenhängen liegen die geometrischen Parameter aus Abb. 5.9 zugrunde. Diese schematische Abbildung kann mithilfe der Luftbildaufnahme aus Abb. 5.10 in die Realität übersetzt werden.

Folgt man den Überlegungen von Friedrichs und Aubrey (1988), setzt man das (Wasser-)Speichervolumen auf dem Watt bei Flut V_s und das Rinnenvolumen V_c sowie die Tideamplitude a und die mittlere Wassertiefe h ins Verhältnis. Das Verhältnis von a/h ist als relative Tideamplitude und V_s/V_c als das relative Speichervolumen definiert. Ist a/h groß, liegen entweder sehr kleine Wassertiefen oder eine große Tideamplitude vor, wobei mesotidale Tideamplituden meist zwischen 1–2 m (Hälfte eines mesotidalen Tidehubs von

2 bis 4 m) liegen. Vs/Vc wächst, je mehr Speichervolumen (bzw. Überflutungsfläche) im Vergleich zum Rinnenvolumen vorliegt. Alternativ zum relativen Speichervolumen nutzen Friedrichs und Madsen (1992) die leichter zu verstehende tidale Breitenänderung $\Delta b/b$ als Überflutungsverhältnis zwischen Tidehochwasser bTHW und Tideniedrigwasser bTNW zur Beschreibung eines Asymmetrieparameters γ. Ausgedehnte Wattflächen im Querschnitt führen dabei zu einer großen Breitenänderung und keine Wattflächen zu keiner Breitenänderung. In Abb. 5.10 läge beispielsweise eine große Breitenänderung vor

$$\gamma = \frac{a}{h} - \frac{1}{2} \cdot \frac{\Delta b}{b} [-] \qquad \text{(Formel 1)}$$

Ist γ größer als 0, liegt Flutdominanz und ist γ kleiner als 0, liegt Ebbedominanz vor. Aus diesem Zusammenhang lässt sich schlussfolgern, dass eine unendlich große Wassertiefe h immer in Ebbedominanz resultiert und eine unendlich große Tideamplitude immer Flutdominanz erzeugen wird, da alle Breitenänderungen am ehesten endlich sind. Es ist ebenfalls zu erkennen, dass große Breitenänderungen Ebbedominanz begünstigen und keine Breitenänderung immer in Flutdominanz endet. Unglücklicherweise ist die Querschnittsänderung eine eindimensionale Größe, die auf komplexe verzweigte Systeme nur mit unverhältnismäßigem Aufwand anzuwenden ist. In realen Systemen sind daher Volumenbetrachtungen, wie Vs/Vc, dem Verhältnis $\Delta b/b$ vorzuziehen.

Zusammenfassend halten wir fest, dass Ebbedominanz wahrscheinlich ist, wenn das Verhältnis von Tideamplitude zu Wassertiefe klein und gleichzeitig Überflutungsflächen (und damit Speichervolumen Vs) vorhanden sind. Ohne Überflutungsflächen ist das System immer flutdominant und auch große Tideamplituden bei geringer Wassertiefe erzeugen diesen Effekt.

5.2.6 Das Beispiel Ems-Dollart

Das jahresgemittelte Verhältnis der Flut- zu Tidedauer als Darstellung der Tidedauerasymmetrie (TDA) im Ems-Dollart-Bereich soll zur Veranschaulichung o.g. Zusammenhänge verwendet werden (Abb. 5.11). Die Tide läuft von Norden ein, bevor sich die Rinne in das Emder Fahrwasser (nördlich) und den Dollart (südlich) aufteilt. Das Emder Fahrwasser schließt an die Tideems bis zum Tidewehr in Herbrum an. Das eingehende Tidesignal ist bereits flutdominant, trotz der großen angrenzenden Wattbereiche, da die Wassertiefe mit -12 mNHN groß ist (a/h~0,25). Die Wassertiefe verringert sich im Teilungsbereich bis ca. -5 bis -9 mNHN (a/h~0,15), weshalb das Signal weniger flutdominant wird. Da die tidale Breitenänderung $\Delta b/b$ im Dollart groß ist bzw. großes Speichervolumen im Vergleich zum Rinnenvolumen vorliegt, liegt bei einem a/h von ca. 0,15 eine Ebbedominanz vor. Im Emder Fahrwasser bleibt die Tide erst symmetrisch, bevor sie in der Tideems erneut in Flutdominanz (östlich) umschlägt. An dieser Stelle ist die Tideems anthropogen vertieft, die Überflutungsbereiche liegen hoch und haben eine geringe Ausdehnung. Daher geht Vs/Vc in diesem Bereich gegen null und die Tide muss flutdominant werden.

Abb. 5.11 Das jahresgemittelte Verhältnis der Flut- zu Tidedauer aus dem Jahr 2015 im Ems-Dollart-Bereich. Rote Bereiche symbolisieren Ebbedominanz, weißgräuliche Symmetrie und blaue Flutdominanz. Datengrundlage aus EasyGSH-DB (Hagen et al. 2020b)

Literatur

BAW (2025): Luftbildaufnahme aus Nordfriesland aus dem Jahr 2019, bisher unveröffentlicht. Bundesanstalt für Wasserbau – CC-BY 4.0.

Dronkers, J. (1986): Tidal asymmetry and estuarine morphology. In: Netherlands Journal of Sea Research 20 (2–3), S. 117–131. https://doi.org/10.1016/0077-7579(86)90036-0.

Ebener, Andra; Jänicke, Leon; Arns, Arne; Jensen, Jürgen (2021): Untersuchungen zur Entwicklung der Tidedynamik an der deutschen Nordseeküste – Ein Ansatz zur Identifizierung und Quantifizierung von Tideveränderungen durch lokale Systemänderungen. In: Die Küste 89. Karlsruhe: Bundesanstalt für Wasserbau. S. 143–172. https://doi.org/10.18171/1.089106.

Friedrichs, C. T. (2011): Tidal Flat Morphodynamics. In: Treatise on Estuarine and Coastal Science: Elsevier, S. 137–170.

Friedrichs, Carl T. (2010): Barotropic tides in channelized estuaries. In: Arnoldo Valle-Levinson (Hg.): Contemporary Issues in Estuarine Physics. Cambridge: Cambridge University Press, S. 27–61.

Friedrichs, Carl T.; Aubrey, David G. (1988): Non-linear tidal distortion in shallow well-mixed estuaries. A synthesis. In: Estuarine, Coastal and Shelf Science 27 (5), S. 521–545. https://doi.org/10.1016/0272-7714(88)90082-0.

Friedrichs, Carl T.; Madsen, Ole S. (1992): Nonlinear diffusion of the tidal signal in frictionally dominated embayments. In: J. Geophys. Res. 97 (C4), S. 5637. https://doi.org/10.1029/92JC00354.

Gatto, Vincenzo Marco; van Prooijen, Bram Christiaan; Wang, Zheng Bing (2017): Net sediment transport in tidal basins. Quantifying the tidal barotropic mechanisms in a unified framework. In: Ocean Dynamics 67 (11), S. 1385–1406. https://doi.org/10.1007/s10236-017-1099-3.

Hagen, Robert; Plüß, Andreas; Freund, Janina; Ihde, Romina; Kösters, Frank; Schrage, Nico et al. (2020a): EasyGSH-DB: Themengebiet – Hydrodynamik. Unter Mitarbeit von Bundesanstalt für Wasserbau. Hg. v. Bundesanstalt für Wasserbau.

Hagen, Robert; Plüß, Andreas; Freund, Janina; Ihde, Romina; Kösters, Frank; Schrage, Nico et al. (2020b): EasyGSH-DB: Themengebiet – Hydrodynamik. Unter Mitarbeit von Bundesanstalt für Wasserbau. Hg. v. Bundesanstalt für Wasserbau.

Jordan, Christian; Visscher, Jan; Schlurmann, Torsten (2021): Projected Responses of Tidal Dynamics in the North Sea to Sea-Level Rise and Morphological Changes in the Wadden Sea. In: Front. Mar. Sci. 8, S. 40171. https://doi.org/10.3389/fmars.2021.685758.

Keller, H. (1901). Weser und Ems, ihre Stromgebiete und ihre wichtigsten Nebenflüsse: eine hydrographische, wasserwirtschaftliche und wasserrechtliche Darstellung, Verlag von Dietrich Reimer, Berlin

Khojasteh, Danial; Glamore, William; Heimhuber, Valentin; Felder, Stefan (2021): Sea level rise impacts on estuarine dynamics. A review. In: The Science of the total environment 780, S. 146470. https://doi.org/10.1016/j.scitotenv.2021.146470.

Lehmann, C. (2018): Baumaßnahmen an der Westküste Schleswig-Holsteins seit 1900; Landesbetrieb für Küstenschutz, Nationalpark und Meeresschutz Schleswig-Holstein (LKN.SH); 2018.

Lepper, Robert (2023): A contribution to understanding the recently enhanced coastal siltation in the German Wadden Sea. Hamburg.

Malcherek, Andreas (2010): Gezeiten und Wellen. Die Hydromechanik der Küstengewässer. 1. Aufl. s.l.: Vieweg+Teubner (GWV). Online verfügbar unter http://gbv.eblib.com/patron/FullRecord.aspx?p=750202.

Marmer, H. A. (1935): Tides and Currents in New York Harbor, U. S. C. & G. S. Special Publication 111, revised ed, Washington, D. C.

Nidzieko, N. J. (2010), Tidal asymmetry in estuaries with mixed semidiurnal/diurnal tides, J. Geophys. Res., 115, C08006, https://doi.org/10.1029/2009JC005864.

Niemeyer, H. D.: Change of mean tidal peaks and range due to estuarine waterway deepening; 26th International Conference on Coastal Engineering; Copenhagen, Denmark; https://doi.org/10.1061/9780784404119.251, 1999.

Pickering, M. D.; Wells, N. C.; Horsburgh, K. J.; Green, J.A.M. (2012): The impact of future sea-level rise on the European Shelf tides. In: Continental Shelf Research 35, S. 1–15. https://doi.org/10.1016/j.csr.2011.11.011.

Pritchard, D.; Hogg, A. J. (2003): Cross-shore sediment transport and the equilibrium morphology of mudflats under tidal currents. In: J. Geophys. Res. 108 (C10), S. 1635. https://doi.org/10.1029/2002JC001570.

Pritchard, David (2005): Suspended sediment transport along an idealised tidal embayment. Settling lag, residual transport and the interpretation of tidal signals. In: Ocean Dynamics 55 (2), S. 124–136. https://doi.org/10.1007/s10236-005.0004-7.

Schrijvershof, R. A., van Maren, D. S., Van der Wegen, M., & Hoitink, A. J. F. (2024). Land reclamation controls on multi-centennial estuarine evolution. Earth's Future, 12, e2024EF005080. https://doi.org/10.1029/2024EF005080.

Ridderinkhof, Herman (1997): The Effect of Tidal Asymmetries on the Net Transport of Sediments in the Ems Dollard Estuary. In: Journal of Coastal Research, S. 41–48. Online verfügbar unter http://www.jstor.org/stable/25736104.

van Maren, D. S.; Winterwerp, J. C. (2013): The role of flow asymmetry and mud properties on tidal flat sedimentation. In: Continental Shelf Research 60 (5), S71-S84. https://doi.org/10.1016/j.csr.2012.07.010.

van Maren, D. S., Colina Alonso, A., Engels, A., Vandenbruwaene, W., de Vet, P. L. M., Vroom, J., & Wang, Z. B. (2023). Adaptation timescales of estuarine systems to human interventions. Frontiers in earth science, 11, 1–18. Article 1111530. https://doi.org/10.3389/feart.2023.1111530

Vet, P. L. M. de; van Prooijen, B. C.; Colosimo, I.; Steiner, N.; Ysebaert, T.; Herman, P. M. J.; Wang, Z. B. (2020): Variations in storm-induced bed level dynamics across intertidal flats. In: Scientific reports 10 (1), S. 12877. https://doi.org/10.1038/s41598-020-69444-7.

Vos, P. C., & Knol, E. (2015). Holocene landscape reconstruction of the Wadden Sea area between Marsdiep and Weser: Explanation of the coastal evolution and visualisation of the landscape development of the northern Netherlands and Niedersachsen in five palaeogeographical maps from 500 BC to present. Netherlands Journal of Geosciences – Geologie en Mijnbouw. 94(2), 157–183. https://doi.org/10.1017/njg.2015.4.

Ward, Sophie L.; Green, J. A. Mattias; Pelling, Holly E. (2012): Tides, sea-level rise and tidal power extraction on the European shelf. In: Ocean Dynamics 62 (8), S. 1153–1167. https://doi.org/10.1007/s10236-012-0552-6.

Weilbeer, Holger; Winterscheid, Axel; Strotmann, Thomas; Entelmann, Ingo; Shaikh, Suleman; Vaessen, Bernd (2021): Analyse der hydrologischen und morphologischen Entwicklung in der Tideelbe für den Zeitraum von 2013 bis 2018. 73. https://doi.org/10.18171/1.089104.

Wünsche, A., Becker, M., Fritzsch, R. et al. The sensitivity of tidal asymmetry descriptors in the Ems estuary. Ocean Dynamics 74, 613–627 (2024). https://doi.org/10.1007/s10236-024-01622-x

Wechselwirkungen zwischen MSL-Anstieg, Tide und Morphodynamik am Beispiel der Deutschen Bucht

6

Inhaltsverzeichnis

Eine der bekanntesten Folgen des Klimawandels ist der Anstieg des mittleren Meeresspiegels, der im globalen Mittel zwischen 2006 und 2018 um 3,7 mm/Jahr anstieg (Fox-Kemper et al., 2021). Studien in der Nordsee bzw. im weiteren Nordseeraum nehmen Raten von 2,7 mm/Jahr an (Steffelbauer, et al. 2022), wobei neuere Untersuchungen für die Nordsee von einem schnelleren Anstieg als dem globalen Mittel ausgehen (Melet, et al., 2024). Jänicke (2021) geht für einen Vergleich mit der Tideentwicklung in der Deutschen Bucht von einem Anstieg des mittleren Meeresspiegels von im Mittel 2,4 mm/Jahr pro Jahr zwischen den 50er-Jahren und 2015 aus. Dabei ist zu beachten, dass der Anstieg nicht in jedem Jahr identisch ist, sondern es sich um langjährige Mittelwerte des Anstiegs handelt.

Vergleicht man die jährlichen Werte des mittleren Meeresspiegelanstiegs mit den großräumigen Veränderungen in Tideniedrig- und Tidehochwasserständen (siehe Kap. 4), ist ein statistisch signifikanter Zusammenhang zu detektieren. Jänicke (2021) kommt zu dem Ergebnis, dass im Mittel über 90 % der Veränderungen der Tidewasserstände in der Deutschen Bucht und an der niederländischen Nordseeküste qualitativ durch den Anstieg des mittleren Meeresspiegels zu erklären sind. Dies bedeutet entgegen der intuitiven Erwartung nicht, dass die am einzelnen Pegel gemessenen Veränderungen der Tidewasserstände parallel zum Anstieg des mittleren Meeresspiegels verlaufen,

L. Jänicke und R. Lepper, *Die Tiden der Nordsee und ihre Veränderungen*,
https://doi.org/10.1007/978-3-658-48860-4_6

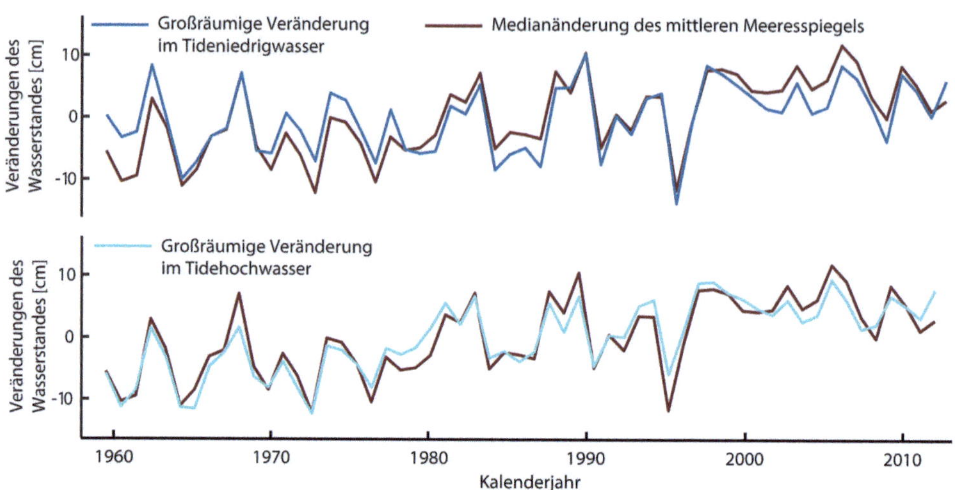

Abb. 6.1 Mittlere Veränderung des Meeresspiegels der Nordsee im Vergleich zu den großräumigen Veränderungen der mittleren Tideniedrig- und Tidehochwasser zwischen 1958 und 2015, Daten entnommen aus Jänicke (2021)

sondern dass die Veränderungen in den Tidewasserständen großflächig auftreten und eine gemeinsame Ursache im Anstieg des mittleren Meeresspiegels haben, wie in der nachfolgenden Abbildung (Abb. 6.1) dargestellt ist. Die detektierbaren, großräumigen Veränderungen von Tideniedrig- und Tidehochwasser in der Deutschen Bucht korrelieren qualitativ zwar sehr stark mit den Veränderungen des mittleren Meeresspiegels. Dennoch ist die Übereinstimmung nicht vollständig und quantitativ sind deutliche Abweichungen zu erkennen.

Diese quantitativen Abweichungen werden deutlicher, wenn man beispielhaft einen konkreten Pegel wie beispielsweise Dagebüll betrachtet (Abb. 6.2). Am Tidepegel Dagebüll beträgt der Anstieg des mittleren Meeresspiegels etwa +3 mm pro Jahr und wird damit durch den Anstieg des mittleren Tidehochwassers von etwa +5 mm pro Jahr deutlich übertroffen. Gleichzeitig weist das Tideniedrigwasser einen leicht negativen Trend auf, der jedoch eine hohe Varianz aufweist und daher statistisch nicht signifikant ist. Selbst ein Anstieg am oberen Ende des Konfidenzintervalls von + 0,7 mm pro Jahr wäre immer noch deutlich kleiner als der Anstieg des mittleren Meeresspiegels. Die reale Entwicklung der gemessenen Tidewasserstände am Tidepegel weicht somit erheblich vom Anstieg des mittleren Meeresspiegels ab und die Vermutung liegt nahe, dass Veränderungen der lokalen Flachwassereffekte diese mitbeeinflussen. Zusätzlich existieren lokale Ausnahmen wie beispielsweise die bereits erwähnten Pegel Bremerhaven und Büsum, die durch anthropogene bzw. morphodynamische Überprägung deutlich niedrigere Werte aufweisen.

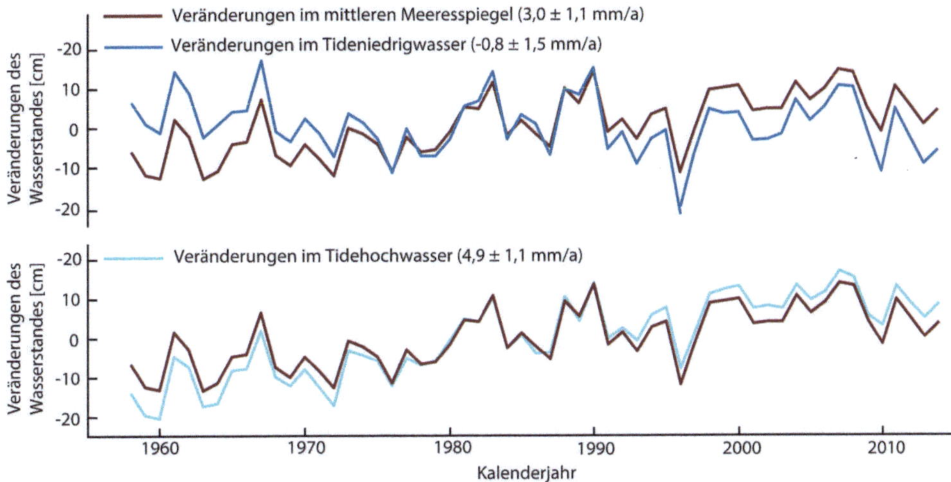

Abb. 6.2 Vergleich zwischen Tidehoch- und Tideniedrigwasser sowie dem Anstieg des mittleren Meeresspiegels am Tidepegel Dagebüll zwischen 1958 und 2015, Daten entnommen aus Jänicke (2021)

Da flächendeckende Messwerte nicht zu Verfügung stehen, sondern ausschließlich Messwerte am Einzelpegel, werden häufig numerische Simulationen der Tidedynamik zur Hilfe genommen. Zur Beurteilung der Änderung der Tidedynamik in jüngerer Vergangenheit sind nachfolgend modellierte Differenzen von Tidehoch- und Tideniedrigwasser aus zwei weitestgehend identischen Simulationen dargestellt (Abb. 6.3). Die erste Variante der Simulation basiert auf der Topografie und dem mittleren Meeresspiegel von 2015 und die zweite auf Grundlage von 1997, wobei der mittlere Meeresspiegel in diesem Zeitraum um rund 6 cm angestiegen ist. Positive Differenzen zeigen somit eine Zunahme des Tidekennwerts über die Zeit an. Tidehoch- und Tideniedrigwasser sind auf den Meeresspiegelanstieg von 6 cm zwischen 1997 und 2015 normalisiert. Ein Wert von 10 cm für das Tidehochwasser bedeutet also, dass das Tidehochwasser um 6 cm aus Meeresspiegelanstieg und 4 cm aus Flachwassereffekten im Zeitraum von 1997 bis 2015 angestiegen ist.

Auf den ersten Blick fällt in Abb. 6.3 auf, dass Zu- und Abnahmen von Tidehoch- und Tideniedrigwasser nicht gleichmäßig auftreten und lokale sowie regionale Unterschiede bestehen. In anderen Worten entspricht die seeseitige Veränderung nicht den Veränderungen an der Küste. Eine wichtige Konsequenz dieser Beobachtung ist, dass die Trendauswertung von Pegeldaten aus Kap. 4 von topographischen Veränderungen überlagert ist und nicht den Änderungen des reinen Wasserstandes in der Nordsee entsprechen muss. Am Beispiel der flächigen Änderungen von Tidehoch- und Tideniedrigwasser in der Jade (Abb. 6.3) wird der Zusammenhang besonders deutlich. Seeseitig entspricht

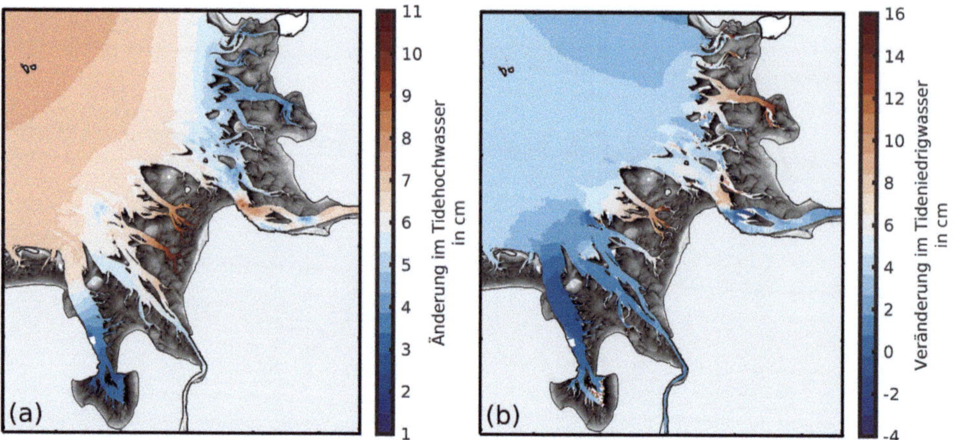

Abb. 6.3 Modellbasierte Untersuchung der Auswirkungen von Meeresspiegelanstieg und Topographieänderung im Zeitraum von 1997 bis 2015 auf Tidehoch- (a) und Tideniedrigwasser (b). Die Mitte der Farbpalette wurde auf den im Modell vorgegebenen Meeresspiegelanstieg von rund 6 cm im Modellierungszeitraum gesetzt. Eine Zunahme (rot) bedeutet daher, dass der Tidekennwert stärker bzw. eine Abnahme (blau), dass der Tidekennwert schwächer als der Meeresspiegelanstieg gestiegen oder gefallen ist. Weiße Flächen sind No-Data, hellgraue Flächen sind Land und dunkelgraue Schattierungen Watt. Abbildung verändert nach Lepper et al. (2024)

die Zunahme des Tidehochwassers dem Meeresspiegelanstieg, kehrt sich jedoch innerhalb weniger Kilometer in das Gegenteil zu einer relativen Abnahme um. Umgekehrt tritt beim Tideniedrigwasser ein verstärkender Effekt im Vergleich zum seeseitigen Signal auf und das Tideniedrigwasser sinkt ab, obwohl der Meeresspiegel sich erhöht. In der nordöstlichen Außenweser und bei Büsum zeigt sich sogar eine relative Zunahme des Tideniedrigwassers, die im scharfen Kontrast zum (wenige Kilometer entfernten) regional abnehmenden Signal steht. Diese Erkenntnisse erklären, warum die Zu- und Abnahmen der gemessenen Tideparameter in Abb. 4.6 und 4.7 nicht mit der Veränderung des mittleren Meeresspiegels übereinstimmen.

Ebenso lässt sich dadurch auch die großflächige Variabilität im Anstieg des Tideniedrigwassers aus Abb. 4.7 erklären. Der Einfluss der Morphologie auf die Verformung der Tidewelle steigt mit abnehmender Wassertiefe (vgl. Kap. 5. Dies hat zur Folge, dass der Einfluss der Morphologie bei niedrigen Tidewasserständen größer sein muss. Jänicke (2021) und Lepper et al. (2024) konnten nachweisen, dass das Tideniedrigwasser zwar ebenso wie das Tidehochwasser auf die Veränderungen des mittleren Meeresspiegels reagiert, jedoch häufig die Topografie des Meeresbodens mitwirkt und den Effekt des Meeresspiegelanstiegs auf die Tidewasserstände beeinflusst, beziehungsweise teilweise sogar überkompensiert. Dies würde den großräumig geringeren Anstieg des Tideniedrig- als des Tidehochwassers physikalisch schlüssig erklären, allerdings ist ein definitiver

Beweis aufgrund der (nicht) vorhandenen Datengrundlage schwer zu führen und bleibt trotz zahlreicher Indizien vorerst hypothetisch.

Um die Veränderung der küstennahen Tidedynamik in Kontext mit Kap. 4 zu verstehen, ist eine Analyse der morphodynamischen Veränderungen zielführend, da eine Wechselwirkung zwischen Morphologie und Tide besteht. Das Prinzip des dynamischen (morphologischen) Gleichgewichts besagt, dass sich bei einem System auf langen Zeitskalen ein stabiler Zustand zwischen tide- und seegangsinduzierten Kräften mit der Morphologie einstellt. Diese an sich korrekte und meist zielführende Betrachtungsweise ist für die reale Nordsee im 21. Jahrhundert jedoch nicht mehr uneingeschränkt gültig. Während bei konstanten Randbedingungen permanente, morphologische Anpassung zu einem dynamischen Gleichgewicht führt, verändern sich in der Realität die äußeren Randbedingungen, wie beispielsweise der mittlere Meeresspiegel oder die mittlere Wassertemperatur. Gleichermaßen ist es möglich, dass ein extremes Ereignis, z. B. ein Sturm, auftritt, der die Morphologie disruptiv verändert. Da diese Veränderungen der Randbedingungen oder Disruption zeitlich stets vor den morphologischen Anpassungsprozessen stattfinden, finden topographische Veränderungen immer als Konsequenz statt, was in der Fachliteratur als morphologischer Lag („Verzögerung") bezeichnet wird. Im Kontext der Deutschen Bucht wäre es z. B. bei einem sehr schnellen Meeresspiegelanstieg möglich, dass aus dem heutigen Wattenmeer durch Überflutung ein lagunenartiges System wird, da die Morphologie zu träge auf den schnell ansteigenden Meeresspiegel reagiert. Läuft die Veränderung der treibenden Kräfte aber langsam und ohne disruptive Ereignisse ab, kommt es zu entsprechenden Veränderungen und Anpassungen der Morphologie, die immer erst aus einer Veränderung des Inputsignals initiiert werden. Dauern Veränderungen an, kann kein neues Gleichgewicht entstehen, solange die äußeren Randbedingungen variabel bleiben. Das System verändert sich also weiter, solange der mittlere Meeresspiegel ansteigt.

6.1 Veränderungen der Morphologie

Um die Veränderung der küstennahen Tidedynamik zu verstehen, ist ein Verständnis der beobachteten Morphodynamik der näheren Vergangenheit notwendig. In diesem Kapitel wird die morphodynamische Entwicklung der näheren Vergangenheit (1997 bis 2015) näher beleuchtet und die für die Tidedynamik relevanten Veränderungen herausgearbeitet. Da wir mit topografischen Daten arbeiten, sind Höhen positiv und Tiefen negativ definiert.

Betrachtet man die morphodynamische Entwicklung der näheren Vergangenheit als Differenz der Topografie von 2015 und 1997 in der Deutschen Bucht, wird deutlich, dass die Küste morphodynamisch sehr aktiv ist und viele Veränderungen stattfinden (Abb. 6.4 a). Zahlreiche Rinnenverlagerungen, Deposition im Wattbereich und chaotisch wirkende Muster in den Außenbereichen der Ästuare sind zu beobachten. Betrachtet man

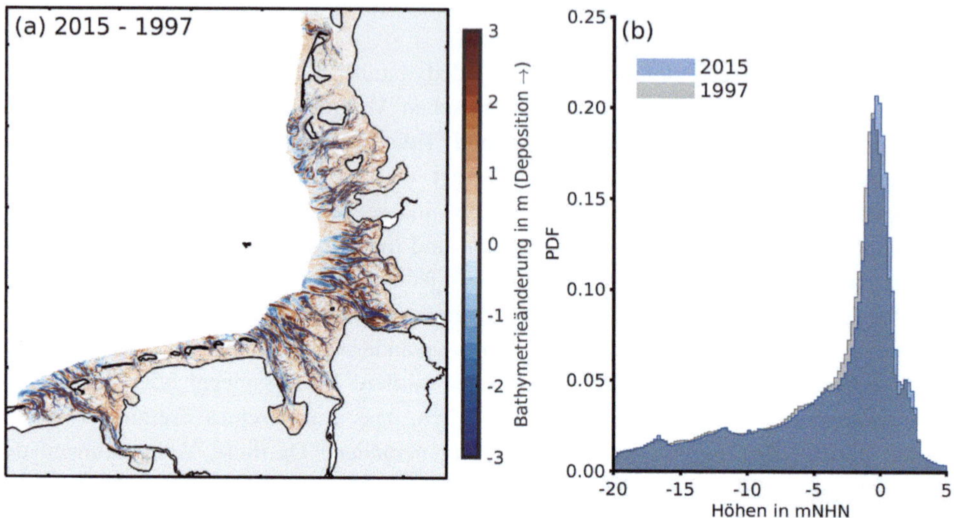

Abb. 6.4 Darstellung der diskreten Topographieänderung innerhalb der −20 mNHN Tiefenisolinie im Zeitraum von 1997 bis 2015 (a) und die normalisierte Verteilungsfunktion der Höhenverteilung (b) in der Deutschen Bucht. Verkürzt und visuell verändert aus Lepper et al. (2024)

diese Topografien von 1997 und 2015 im normalisierten Häufigkeitsraum als PDF („probability density function" auf Englisch), werden die chaotischen Muster der direkten Differenz reduziert und wir erkennen die resultierende Veränderung der Höhen deutlicher (Abb. 6.4 b). Dabei wird die kumulierte Menge an Flächen einer bestimmen Tiefenstufe (Horizontalachse) gegen ihre relative Häufigkeit (Vertikalachse) dargestellt. Anhand der Veränderungen der PDF zwischen 1997 und 2015 kann damit eine Veränderung des Anteils der verschiedenen Tiefenstufen an der Gesamtfläche dargestellt werden. Diese Darstellungsweise hat den Vorteil, dass horizontale Verlagerungen die Häufigkeitsverteilung der Gesamtheit nicht beeinflussen. So lassen sich allerdings Veränderungen nicht mehr exakt räumlich zuordnen, da die Koordinaten der Flächen einer Tiefenstufe in der PDF nicht berücksichtigt werden, sondern nur die Häufigkeit ihres Auftretens. Im konkreten Beispiel würde also eine Rinne, die sich in ihrer exakten Form 400 m nach Westen wandert, keine Veränderung der Höhenverteilung verursachen, obwohl sie als direkte Differenz ein deutliches Muster hinterlassen würde. Dementsprechend zeigt sich im Häufigkeitsraum die Netto-Verschiebung der Höhenverteilung, ohne genau sagen zu können, ob sich bestimmte Höhenniveaus beispielsweise in der Weser oder in der Elbe verändert haben.

Während im tieferen Bereich bis ca. −10 mNHN kaum Veränderungen zwischen 1997 und 2015 auftreten, ergibt sich zwischen −8 und −2 mNHN eine Verschiebung nach rechts auf der Horizontalachse für das Jahr 2015. Die Anzahl an Flächen für diese Tiefenstufen nahm über die Zeit ab. Zeitgleich erkennen wir eine Zunahme zwischen −2 und $+2$ mNHN, was darauf hindeutet, dass 2015 mehr Flächen dieser Tiefenstufen im Wattbereich aufzufinden sind als im Jahr 1997. Es gibt also weniger tiefe und mehr flache Höhenpunkte im Jahr 2015 als noch im Jahr 1997. Das ist eine wichtige Erkenntnis, weil die Verschiebung der Häufigkeitsverteilung hin zu flacheren Tiefenstufen belegt, dass die beobachtete Morphodynamik nicht ausschließlich Konsequenz natürlicher Umlagerungen innerhalb eines Gleichgewichts ist, sondern dass merkbare Anpassungsprozesse stattfinden. Wäre ein dynamisches Gleichgewicht vorhanden, käme es zwar auch zu Umlagerungsprozessen, aber die Häufigkeitsverteilung würde weit weniger voneinander abweichen. Die Änderung der Kurvenform der PDF ist weiterhin ein deutlicher Hinweis, dass sich die morphodynamischen Eigenschaften des Systems verändern. Würde das System proportional mit dem Meeresspiegelanstieg wachsen, wäre die Form der Verteilung identisch und um den Betrag des Anstiegs auf der Horizontalachse nach rechts verschoben.

Da die Veränderung der Topografie somit maßgeblich im flachen Bereich stattfindet, ist es zielführend, die Küste in tideabhängige Zonen zu unterteilen (Abb. 6.5). Hierbei werden die nahezu permanent bzw. permanent überfluteten Bereiche unterhalb des jahresgemittelten Tideniedrigwassers und oberhalb von ca. -20 mNHN als subtidal, alle Bereiche zwischen dem jahresgemittelten Tideniedrig- und Tidehochwasser als intertidal (periodisch überflutet, auch: „Wechselzone" oder Watt) und alle Bereiche oberhalb eines jahresgemittelten Tidehochwassers als supratidal (im Ausnahmefall überflutet, beispielsweise während Sturmfluten) bezeichnet. Die intertidale Zone verwenden wir in diesem Fall analog zu dem Begriff „Watt", in Anlehnung an das im Englischen übliche „intertidal flats".

Lepper (2023) konnte mithilfe topografischer Daten aus dem Zeitraum 1996 bis 2016 im Kontext zur in Abb. 6.4 dargestellten Entwicklung und Benninghoff & Winter (2019) nachweisen, dass die intertidale Zone in die subtidalen Bereiche drängt und zugleich im Mittel sedimentiert. Auch hier wird das komplexe Zusammenspiel der Morphologie mit der Tidedynamik deutlich, da der mittlere Meeresspiegel in diesem Zeitraum um

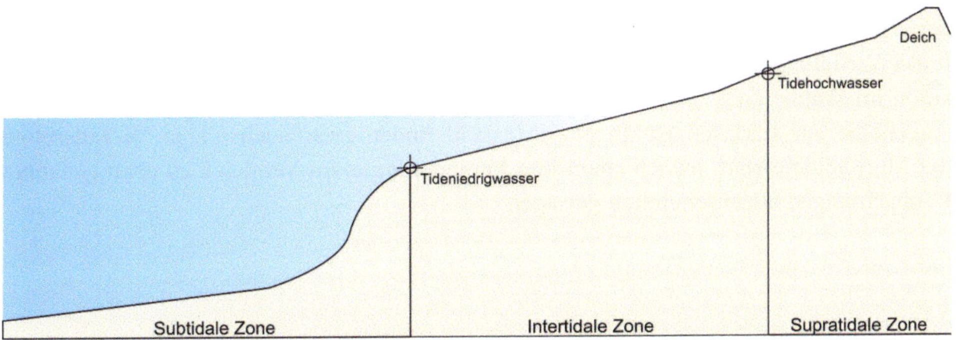

Abb. 6.5 Zonierung für küstennahe Topografie anhand eines schematischen Küstenquerschnitts

Abb. 6.6 Flächige Darstellung der Erosions- (blau) und Depositionsrate (rot) der subtidalen und intertidalen Zone in der Deutschen Bucht, Abbildung inspiriert von Benninghoff und Winter (2019) auf Grundlage der Daten aus Lepper (2023)

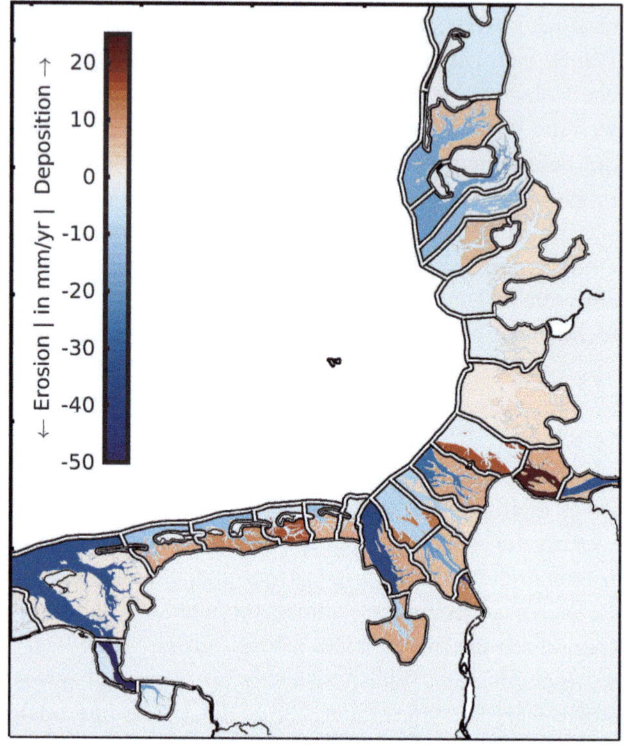

ca. 6 cm angestiegen ist und man intuitiv daher von einer Verkleinerung der intertidalen Zone hätte ausgehen müssen. Diese findet jedoch, einerseits aufgrund der Sedimentation und andererseits aufgrund der unterschiedlichen lokalen und großräumigen Veränderungen der Tideparameter, nicht statt. Ebenso waren die mittleren Anwachsraten der intertidalen Zone mehrfach größer als die Rate des mittleren Meeresspiegelanstiegs (Abb. 6.6).

In Abb. 6.6 ist zu erkennen, dass die subtidalen Bereiche an der Küste der Deutschen Bucht im Mittel erodieren (=vertiefen). Die Vertiefung ist insbesondere in den Außenbereichen der Ems, der Jade und der Weser hervorzuheben, aber auch in Ostfriesland findet Vertiefung statt. Gleichzeitig ist vor allem in der südlichen Deutschen Bucht Deposition im Wattbereich zu beobachten, die in Ostfriesland, in der Außenweser und in der Außenelbe am stärksten ist. In Nordfriesland finden zwar auch einige Veränderungen der Morphologie statt, jedoch sind diese Veränderungen im Vergleich zu eben genannten Beobachtungen augenscheinlich geringer.

6.2 Auswirkungen auf die Tidedynamik

Im vorhergehenden Kapitel wurde gezeigt, dass die intertidale Zone die subtidalen Bereiche in der Deutschen Bucht verdrängt und zugleich sedimentiert, was durch die Zunahme der mittleren Höhe belegt wurde (Abb. 6.6). Vereinfacht ausgedrückt, wächst die intertidale Zone von der Küste aus in Richtung offenes Meer bzw. in die subtidalen Bereiche hinein. Als Konsequenz dieser Evolution der Topografie ändert sich lokal die Morphologie der Küste und damit auch die lokale und regionale Verformung der Tidewelle.

Die Ausdehnung der intertidalen Zone hat zwei wichtige Nebeneffekte: Die subtidalen Bereiche, über die das Tidevolumen an die Küste transportiert wird, verringern ihre Wirksamkeit in diesem Bereich aufgrund von Aufsedimentierung (i) und die Breite der intertidalen Zone, als horizontale Distanz zwischen Tidehoch- und Tideniedrigwasserstand im Küstenvorfeld, vergrößert sich (ii). Bei Flut sind die Wassertiefen in der intertidalen Zone besonders gering und Reibungseffekte sind dementsprechend groß: Die einlaufende Flut wird durch Überflutungsflächen verlangsamt. Aufgrund der zunehmenden Sedimentierung der subtidalen Zone in den intertidalen Bereich resultiert einerseits ein geringeres Tidevolumen an der Küste, d. h. weniger Wasser je Tide (Jacob und Stanev, 2021; Lepper, 2023) erreicht die Watteinflussbereiche, andererseits findet eine Verlangsamung der einlaufenden Tidewelle durch die Verbreiterung der intertidalen Zone statt. Diese Verlangsamung aufgrund lokaler Reibung im flachen Wasser ist trotz der Verbreiterung der intertidalen Zonen betragsmäßig kleiner, als sie bei einem unveränderten Tidevolumen aufgrund der höheren Ausgangsenergie gewesen wäre (Hagen et al., 2022). Es ist wichtig zu beachten, dass dieser Effekt lokal unterschiedlich stark ausgeprägt sein kann, wie an der Kleinräumigkeit der Veränderungen in Abb. 6.4 zu erkennen ist. Diese lokalen Veränderungen ändern grundsätzlich nichts am Input der Tideenergie aus dem Nordatlantik, nur die lokale Dynamik und Dissipation verändern sich.

Nachfolgend werden die Auswirkungen dieser Änderungen der Bathymetrie auf die Tidedynamik am Beispiel der Tideasymmetrie Tidedauer (TDA) durch die Differenz der mittleren Flutdauer der Jahre 1997 bis 2015 betrachtet (Abb. 6.7), d. h. um wie viele Minuten hat sich das Einlaufen der Flut beschleunigt oder verlangsamt. Eine zunehmende Verbreiterung der intertidalen Zone sollte die Flutdominanz verringern, da die einlaufende Flutwelle durch mehr Reibung stärker gebremst wird und die Flutdauer steigt. Das Einlaufen der Tidehochwasserwelle müsste sich also verlangsamen und länger dauern. Umgekehrt sollte im offenen Wasser durch die Zunahme der Wassertiefe im Meeresspiegelanstieg die Flutdominanz aufgrund der höheren Wassertiefe und der damit verbundenen höheren Fließgeschwindigkeiten zunehmen. Dies entspricht auch den Schlussfolgerungen des Asymmetrieparameters aus Formel 6, auch wenn dieser den Zusammenhang stark vereinfacht.

Abb. 6.7 zeigt zwei interessante Phänomene zur Änderung der Flutdauer und damit der Tidedauer-Asymmetrie (TDA):

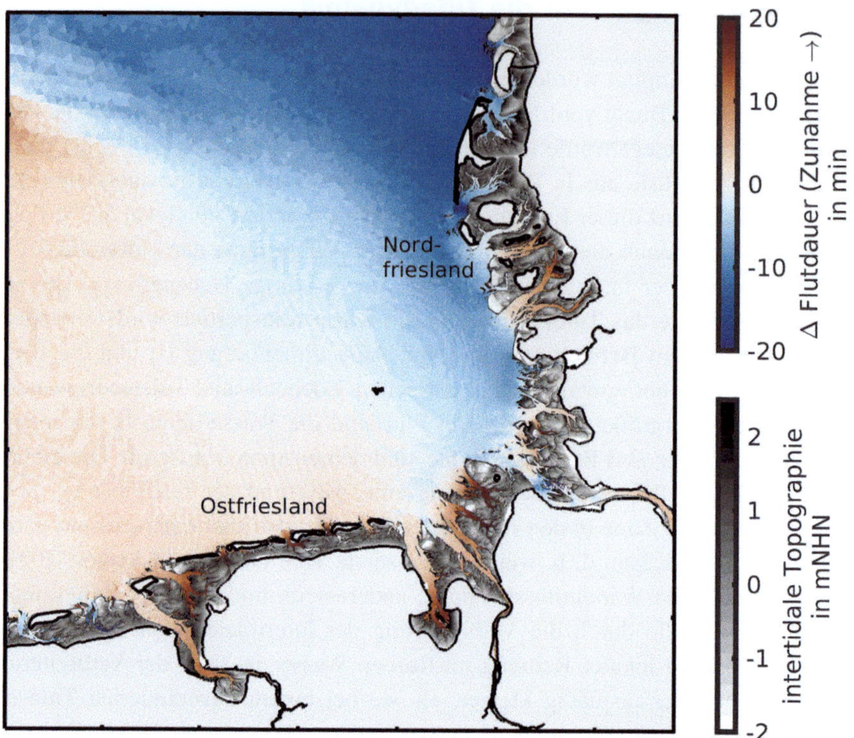

Abb. 6.7 Veränderung der Flutdauer im Zeitraum von 1997 bis 2015 auf Grundlage simulierter Tidedynamik mit der intertidalen Topografie in Dunkelgrau, Land in Hellgrau, Zunahmen der Flutdauer in Rot und Abnahmen der Flutdauer in Blau. Abbildung verändert nach Hagen et al. (2022)

(1) In Nordfriesland ist seeseits der Inseln eine großflächige Abnahme der Flutdauer um bis zu 20 min, also eine Zunahme der Flutdominanz, zu erkennen, während landseits der Inseln lokal auch zunehmende Flutdauern, also eine Abnahme der Flutdominanz, auftreten.

(2) In Ostfriesland ist nur eine sehr geringe großflächige Änderung der Flutdauer zu erkennen. Lokal jedoch ist zwischen Inseln und Festland eine deutliche Zunahme der Flutdauer, also eine Abnahme der Flutdominanz, zu sehen.

Insgesamt bestätigt sich somit der Eindruck, dass die großflächigen Veränderungen durch lokale Topografieänderungen überlagert sind. Die genauen physikalischen Ursachen dieser Entwicklung sind noch nicht abschließend verstanden und weiterhin Gegenstand der Forschung (Stand: März 2025). Es muss daher festgehalten werden, dass die nachfolgenden Ausführungen eine aus Sicht der Autoren wahrscheinliche Interpretation der möglichen Anpassungsprozesse und Wechselwirkungen darstellen. Es handelt sich also um Hypothesen, für deren Gültigkeit es jedoch zunehmend Hinweise gibt.

Geht man auf Basis der oben vorgestellten Prozesse und Veränderungen der Morphologie von einem geringerem Tidevolumen im lokalen Küstenabschnitt aus (Lepper et al., 2024; Hagen, et al., 2022; Lepper, 2023; Jacob und Stanev, 2021), reduziert sich damit lokal die Menge an Tideenergie, die mit der in die Küste einströmenden Tidewelle eingetragen wird. Infolge dieser Änderung lokaler Tideenergie verringert sich der Betrag der Energiedissipation und die Tideparameter passen sich lokal an, was wiederrum Änderungen im morphologischen Gleichgewicht nach sich zieht und morphologische Aktivität beeinflusst oder initiiert. Aus den Änderungen im morphologischen Gleichgewicht resultieren weitere Dynamiken im Bereich von Tide- und Seegangsdynamik – somit handelt es sich um wechselseitig wirkende Prozesse, die iterativ über lange Zeitskalen konvergieren sollten. Die Veränderung lokaler Tideeigenschaften zieht zusätzlich großräumige Konsequenzen nach sich, die erneut von lokalen Effekten überlagert sind. Wenn sich beispielsweise die vorhandene Tideenergie auf einer lokalen Skala aufgrund von morphologischen Veränderungen im Küstenvorfeld verringert, reduziert sich die absolute reibungsinduzierte Dissipation ebenfalls, da lokal weniger Energie zum Dissipieren vorhanden ist. Dieser Effekt findet auf einer lokalen Skala statt und ändert nichts an der großräumig eingetragenen Tideenergie aus dem Nordatlantik, welche trotz Meeresspiegelanstiegs nahezu konstant bleibt. Dies hat zur Folge, dass aufgrund einer geringeren, lokalen Energiedissipation im weiteren Verlauf der Tidewelle entlang der Küste mehr Tideenergie zur Verfügung steht, was zu einem stetig anwachsenden größeren großräumigen Tidehub in der Deutschen Bucht führt.

Einen starken Hinweis auf die Gültigkeit dieser Theorie bieten Abb. 6.7 und 6.8. Großräumige Änderungen der Flutdauer sind in Ostfriesland nicht vorhanden. Lokal existieren jedoch starke Verlängerungen der Flutdauer. Diese geben die lokal verringerte Tideenergie aufgrund des örtlich verringerten Tidevolumens wieder: Die Dissipation verringert sich auf lokaler Ebene. Damit stünde der großräumigen Tidewelle im weiteren Verlauf in Richtung Nordfriesland mehr Tideenergie zu Verfügung, welche verkürzte großräumige Flutdauern aufgrund höherer Geschwindigkeiten zur Folge hat. Ein Vergleich analog zur Methodik von Abb. 6.3 mit der Entwicklung des Tidehubs zwischen 1997 und 2015 zeigt, dass diese Herleitung plausibel ist.

Im Verlauf der Tidewelle entgegen dem Uhrzeigersinn findet eine großräumige Zunahme des Tidehubs bis Nordfriesland statt (Abb. 6.8). Dieser Effekt beginnt möglicherweise schon an der europäischen Westküste, wie in Abb. 4.7 zu erkennen ist, da der Anstieg des Tidehubs bereits in diesen Bereichen stattfindet. Dies entspräche unserer Hypothese, dass nach weniger lokaler Dissipation mehr Energie im Verlauf der Welle verbleibt. Das langsame Aufbauen großräumiger Zunahmen im Tidehub, insbesondere entlang der deutschen Nordseeküste, ist ein starkes Indiz hierfür.

Ein weiterer barokliner Effekt, der hier ergänzend zu den dargestellten Veränderungen wirken könnte, ist eine verstärkte temperaturbedinge Stratifizierung, d. h. Schichtung, der Wassersäule, wie von Jänicke (2021) argumentiert wird. Müller et al. (2014) zeigen eine

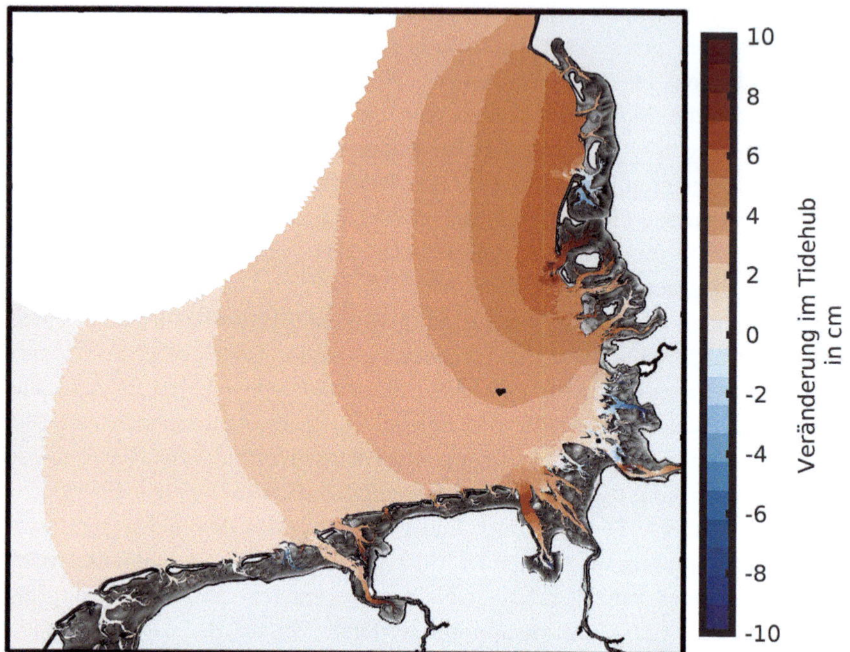

Abb. 6.8 Veränderung des Tidehubs im Zeitraum von 1997 bis 2015 auf Grundlage des Szenarios aus Abb. 6.3 mit der intertidalen Topografie in Grau, Land in Hellgrau, Zunahmen des Tidehubs in Rot und Abnahmen in Blau. Abbildung verändert nach Lepper et al. (2024)

Erhöhung der Amplitude der M2-Gezeit zwischen +1 bis +5 cm pro Jahr für die südliche Nordsee, welche mit dem Wechsel der Stratifizierung auf dem Kontinentalschelf in Zusammenhang gebracht wird. Basierend auf diesen Erkenntnissen zeigen Jänicke (2021) einen signifikanten Zusammenhang zwischen den großräumigen Entwicklungen des Tidehubs in der Deutschen Bucht und der Stratifikation. Es konnte gezeigt werden, dass lokale Schichtungsänderungen einen großen Einfluss auf den Tidehub in den Flachwassergebieten der Deutschen Bucht haben könnten: Eine stärkere Pyknokline, d. h. ein stärkerer Dichtegradient über die Wassertiefe, stabilisiert die Wassersäule gegen turbulente Dissipation und ermöglicht höhere Tidehübe in Küstennähe. Folglich käme es hierdurch zu einem geringeren Verlust an Tideenergie im subtidalen Bereich, da sich nur dort eine Stratifizierung bilden kann. Im Ergebnis bliebe also mehr Tideenergie vorhanden, was die bisher beschriebenen Effekte weiter begründen bzw. verstärken würde.

6.3   Die Rolle des Wattwachstums

Der Zusammenhang zwischen der küstennahen Morphologie des Wattenmeers und der lokalen und regionalen Tidedynamik im Bereich der Deutschen Bucht ist im Hinblick auf den Meeresspiegelanstieg sehr relevant. Wattflächen und Salzwiesen sind beispielsweise zum Abbau von Seegangsenergie im Küstenschutz unverzichtbar (Möller et al. 2014), weshalb die Prognose der morphologischen Entwicklung der Küstenzone im Meeresspiegelanstieg ein relevantes und inhaltlich breites Forschungsgebiet ist. Abseits dieser Küstenschutzwirkung ist der Nationalpark Wattenmeer ein seit 2009 durch die UNESCO geschütztes Weltnaturerbe und beheimatet eine einzigartige, schützenswerte Artenvielfalt. Da bezüglich der morphologischen Entwicklung des Wattenmeers im Meeresspiegelanstieg noch kein wissenschaftlicher Konsens existiert, werden nachfolgend die möglichen Entwicklungsszenarien dargestellt. Grob vereinfacht sind drei mögliche Entwicklungen auf Grundlage des heutigen Zustands (Abb. 6.9) unterstellt.

(1) Das Lagunenszenario

Im Lagunenszenario steigt der Meeresspiegel (disruptiv) schneller, als das Watt anwächst (Abb. 6.10). Diese Variante ist wahrscheinlich, falls die Rate des mittleren Meeresspiegelanstiegs sehr hoch ist und die darauf folgende morphologische Anpassung zu träge ist, um diesen Anstieg zu kompensieren. Als Konsequenz würden die heutigen intertidalen Flächen selbst bei Tideniedrigwasser nicht mehr überflutet und das Wattenmeer verändert sich in ein lagunenartiges System. Die Morphodynamik einer solch großen Lagune in unseren Breitengraden ist bisher nicht erforscht, aber es ist nach derzeitigem Wissensstand davon

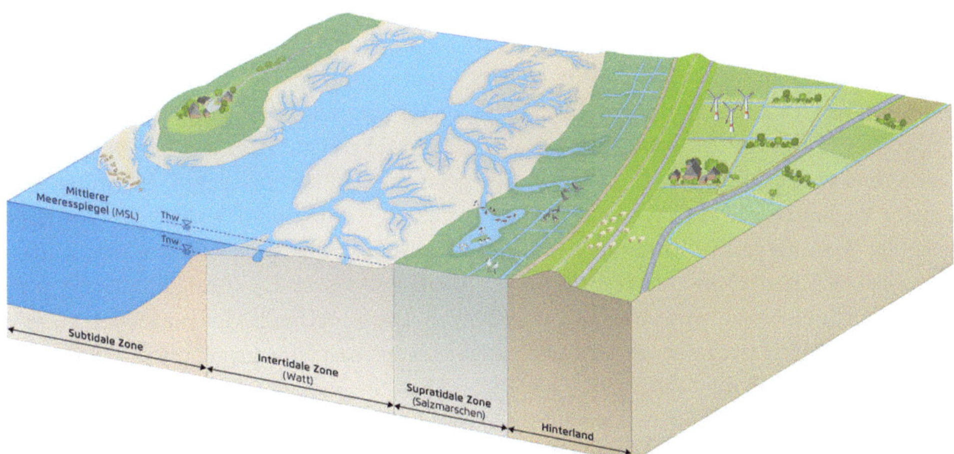

Abb. 6.9 Schematische Darstellung eines Wattgebiets mit vorgelagerter Barriereinsel im heutigen Zustand (BAW, 2025a; CC-BY 4.0)

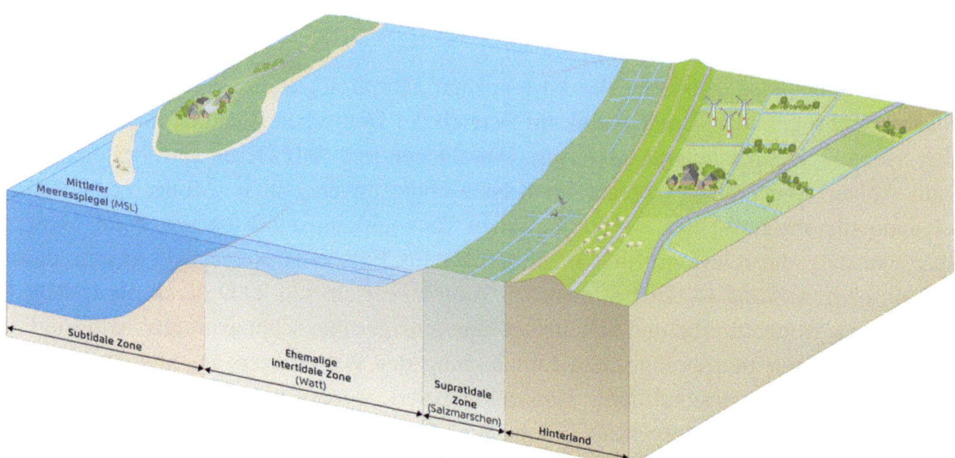

Abb. 6.10 Schematische Darstellung eines Wattgebiets nach schnellem Meeresspiegelanstieg ohne Mitwachsen des Watts. Die ehemaligen Wattbereiche werden dauerhaft überflutet und das Wattenmeer selbst würde zur Lagune. (BAW, 2025b; CC-BY 4.0)

auszugehen, dass die Küstenschutzwirkung deutlich reduziert würde. Dieses Szenario wäre zudem mit einem drastischen Rückgang der Biodiversität verbunden, da Salzmarschgebiete als Brutplätze dezimiert werden und Wattflächen als Nahrungsangebot verschwinden.

(2) Das Mitwachsszenario

In diesem Szenario wird davon ausgegangen, dass das Watt bzw. die gesamte Küste zusammen mit dem Meeresspiegel (oder schneller) anwächst (Abb. 6.11). Dies wäre eine vorteilhafte Entwicklung, da der Küstenschutz im Sinne der Dissipation von Seegang weiterhin gewährleistet bleibt und die einzigartige Biodiversität des Wattenmeers geschützt ist. Leider ist diese Variante eher unwahrscheinlich oder zumindest, falls durch den Menschen unterstützt, wirtschaftlich schwierig, da sehr große Mengen an Sediment benötigt werden, um bereits wenige Zentimeter an Meeresspiegelanstieg zu kompensieren. Für einen Zentimeter Wattaufwuchs der intertidalen Zone von 2016 würden rund 38 Mio. m^3 Sediment benötigt. Zum Vergleich: Ein großer Muldenkipper aus dem Straßenbau hätte eine Kapazität zwischen 8 und 17 m^3, was ca. 15 bis 35 t Sand entspricht. Es wären somit sehr große Massen an Sediment zu gewinnen und zu bewegen. Die benötigten Mengen stellen massive Eingriffe in Ökosystem dar, und müssten entweder in der Nähe ausgebracht werden oder auf das Watt gespült und dort verteilt werden.

Zudem gibt es das Problem der trägen Morphodynamik unter schnellem Meeresspiegelanstieg. Da sich der Meeresspiegelanstieg beschleunigt, kann die Zuwachsrate im Sinne des Lagunenszenarios zu groß werden, als dass Sedimentdeposition zur Herstellung des dynamischen Gleichgewichts möglich wäre. Werden die Änderungen des Meeresspiegels dann disruptiv, beispielsweise durch ein schnelles Abschmelzen Grönlands, wäre der Teil- oder Totalverlust der intertidalen Zone entsprechend Szenario (1) wieder wahrscheinlicher.

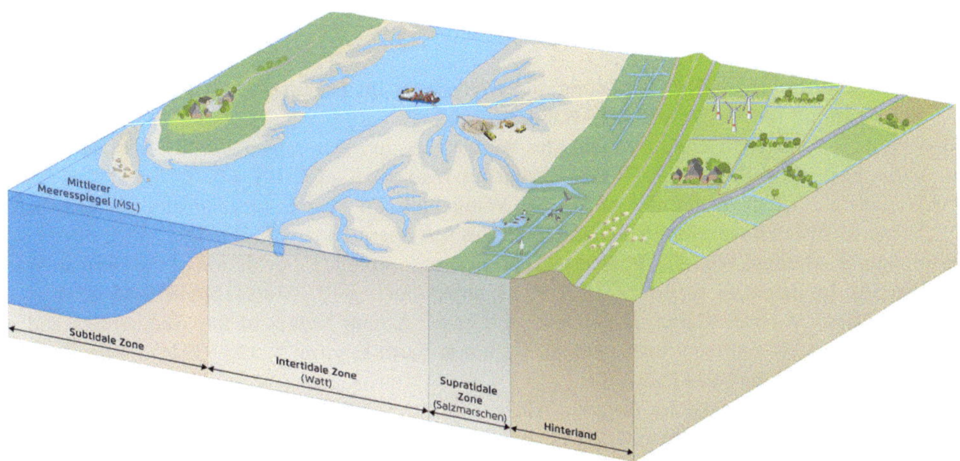

Abb. 6.11 Schematische Darstellung eines Wattgebiets nach kontrollierbarem Meeresspiegelanstieg mit Mitwachsen des Watts. Für dieses Szenario wird ggfs. Anthropogene Unterstützung durch Sedimentvorspülungen benötigt. Das Watt wird in diesem Szenario in seiner Form erhalten. (BAW, 2025c; CC-BY 4.0)

(3) Der Mittelweg

Wahrscheinlich und realistisch ist eine Mischung aus Szenario (1) und (2) in den nächsten 100 Jahren, da vergangene Datenanalysen darauf hinweisen, dass die intertidale Zone erstaunlich resilient gegen den steigenden Meeresspiegel und den Klimawandel ist. Dies erscheint vor dem Hintergrund des dynamischen Gleichgewichts zunächst folgerichtig. Es muss jedoch berücksichtigt werden, dass für den Anwuchs der intertidalen Zone enorme Mengen an Sediment notwendig sind. Falls kein Sediment für den Aufwuchs der intertidalen Zone mehr verfügbar wäre, würde die morphologische Antwort folglich ausbleiben und das Watt würde durch Überflutung verloren gehen. Entsprechend muss eine Sedimentknappheit vermieden werden. Obwohl die notwendigen Volumina aus dem Mitwachsszenario (2) auf den ersten Blick groß erscheinen, sind diese Größenordnungen für Sedimentumlagerung im Wattenmeer nicht ungewöhnlich. Allein im Zuge des anthropogenen Sedimentmanagements der südlichen Nordsee werden bereits vergleichbare Mengen umgelagert. Neueste Auswertungen zeigen zudem, dass eine Netto-Akkumulation von rund 20 Mio. Kubikmeter an Sediment pro Jahr im Wattenmeer stattfindet (Pineda Leiva, et al., 2025). Der jährliche Zustrom von Schwebstoff zum Wattenmeer wird auf rund 12 t pro Jahr geschätzt (Colina Alonso, et al., 2024).

Falls sich das Wattenmeer bei moderaten Meeresspiegelanstiegsraten, im Rahmen des dynamischen Gleichgewichts, erhalten kann, wären Sedimenttransportprozesse mit Sedimentbereitstellung, beispielsweise durch gezielte Verbringung, unterstützbar. Beschleunigt sich der Meeresspiegelanstieg jedoch über einen gewissen Punkt, wird auf langen Zeitskalen ein Lagunenszenario eintreten, da die Veränderung des Meeresspiegels zu schnell eintritt. Auch in diesem Fall wäre eine Übergangszeit im Bereich von Jahrzehnten bis Jahrhunderten wahrscheinlich.

Literatur

BAW (2025a): Schematische Zeichnung des Wattgebiets im Ist-Zustand, bisher unveröffentlicht. Bundesanstalt für Wasserbau – CC-BY 4.0.

BAW (2025b): Schematische Zeichnung des Wattgebiets im Meeresspiegelanstieg als Lagunenszenario, bisher unveröffentlicht. Bundesanstalt für Wasserbau – CC-BY 4.0.

BAW (2025c): Schematische Zeichnung des Wattgebiets im Meeresspiegelanstieg als Mitwachs-Szenario, bisher unveröffentlicht. Bundesanstalt für Wasserbau – CC-BY 4.0.

Benninghoff, Markus; Winter, Christian (2019): Recent morphologic evolution of the German Wadden Sea. In: Scientific reports 9 (1), S. 9293. https://doi.org/10.1038/s41598-019-45683-1.

Colina Alonso, A., van Maren, D.S., Oost, A.P. et al. A mud budget of the Wadden Sea and its implications for sediment management. Commun Earth Environ 5, 153 (2024). https://doi.org/10.1038/s43247-024-01315-9

Fox-Kemper, B.; Hewitt, H. T.; Xiao, C.; Aðalgeirsdóttir, G.; Drijfhout, S. S.; Edwards, T. L. et al. (2021): Ocean, Cryosphere and Sea Level Change. In: V. Masson-Delmotte, P. Zhai, A. Pirani, S. L. Connors, C. Péan, S. Berger et al. (Hg.): Climate Change 2021: The Physical Science Basis. Contribution of Working Group I to the Sixth Assessment Report of the Intergovernmental Panel on Climate Change. Cambridge, United Kingdom and New York, NY, USA: Cambridge University Press, S. 1211–1362.

Hagen, R., Winter, C. & Kösters, F. (2022). Changes in tidal asymmetry in the German Wadden Sea. In: Ocean Dynamics (5), S. 325–340. https://doi.org/10.1007/s10236.022-01509-9.

Hagen, R., Winter, C. & Kösters, F. (2022). Changes in tidal asymmetry in the German Wadden Sea. Ocean Dynamics 72, 325–340. https://doi.org/10.1007/s10236-022-01509-9.

Jacob, Benjamin; Stanev, Emil V. (2021): Understanding the Impact of Bathymetric Changes in the German Bight on Coastal Hydrodynamics. One Step Toward Realistic Morphodynamic Modeling. In: Front. Mar. Sci. 8, S. 9293. https://doi.org/10.3389/fmars.2021.640214.

Jänicke, L.: Assessing changes of tidal dynamics in the North Sea, Universitätsbibliothek Siegen, Siegen, https://doi.org/10.25819/ubsi/10105.

Jänicke, L., Ebener, A., Dangendorf, S., Arns, A., Schindelegger, M., Niehüser, S. et al. (2020): Assessment of tidal range changes in the North Sea from 1958 to 2014. In: J. Geophys. Res. Oceans. https://doi.org/10.1029/2020JC016456.

Lepper, Robert (2023): A contribution to understanding the recently enhanced coastal siltation in the German Wadden Sea. Hamburg.

Lepper, Robert; Jänicke, Leon; Hache, Ingo; Jordan, Christian; Kösters, Frank (2024): Exploring the tidal response to bathymetry evolution and present-day sea level rise in a channel–shoal environment. In: Ocean Sci. 20 (3), S. 711–723. https://doi.org/10.5194/os-20-711-2024.

Melet, A., van de Wal, R., Amores, A., Arns, A., Chaigneau, A. A., Dinu, I., Haigh, I. D., Hermans, T. H. J., Lionello, P., Marcos, M., Meier, H. E. M., Meyssignac, B., Palmer, M. D., Reese, R., Simpson, M. J. R., and Slangen, A. B. A.: Sea Level Rise in Europe: Observations and projections, in: Sea Level Rise in Europe: 1st Assessment Report of the Knowledge Hub on Sea Level Rise (SLRE1), edited by: van den Hurk, B., Pinardi, N., Kiefer, T., Larkin, K., Manderscheid, P., and Richter, K., Copernicus Publications, State Planet, 3-slre1, 4, https://doi.org/10.5194/sp-3-slre1-4-2024.

Müller, M., Cherniawsky, J. Y., & Foreman, M. G. G. et al. (2014). Seasonal variation of the M 2 tide. Ocean Dynamics 64, 159–177. https://doi.org/10.1007/s10236-013-0679-0.

Möller, Iris; Kudella, Matthias; Rupprecht, Franziska; Spencer, Tom; Paul, Maike; van Wesenbeeck, Bregje K. et al. (2014): Wave attenuation over coastal salt marshes under storm surge conditions. In: Nature Geosci 7 (10), S. 727–731. https://doi.org/10.1038/ngeo2251.

Pineda Leiva, D., Lorenz, M., Kösters, F. et al. Asymmetric morphodynamics of the Wadden Sea. Commun Earth Environ 6, 354 (2025). https://doi.org/10.1038/s43247-025-02340-y

Steffelbauer, David B.; Riva, Riccardo E.M.; Timmermans, Jos S.; Kwakkel, Jan H.; Bakker, Mark (2022): Evidence of regional sea-level rise acceleration for the north sea. In: Environ. Res. Lett. https://doi.org/10.1088/1748-9326/ac753a.

Glossar zur Tidedynamik der Nordsee[1]

Amphidromischer Punkt/Amphidromischer Bereich Ein Punkt in einem Tidebecken, an dem der Tidehub Null ist. Um diesen Punkt rotiert die Tidewelle – in der Nordsee gegen den Uhrzeigersinn. Amphidromische Punkte beziehen sich dabei auf die berechneten Tidewellen der theoretischen Partialtiden. Im Gegensatz dazu beschreibt der amphidromische Bereich die tatsächlich vorhandenen Tidenverhältnisse an einem Ort, die das Zusammenspiel aller Partialtiden sowie lokale und regionale Einflüsse berücksichtigen.

Aufspülung Gezielte Einbringung (Spülung) von Sediment (z. B. Sand) zur Küstenerhaltung, etwa zur Strandverbreiterung. Teil des aktiven Sedimentmanagements.

Ästuar Trichterförmiger, tidebeeinflusster Mündungsbereich eines Flusses, in dem Süßwasser auf Salzwasser trifft. Ästuare sind besonders dynamische, morphologisch sensible Zonen.

Baroklin Es wird berücksichtigt, dass Temperatur- und Salzgehaltsunterschiede zu Dichteschichtungen im Wasser führen. Dadurch entstehen Strömungen und Bewegungen, die nicht allein durch Wasserspiegelschwankungen und Druckunterschiede, sondern zusätzlich durch Dichtegradienten aus Temperatur und Salzgehalt verursacht werden.

Barotrop Barotropie bezeichnet die Eigenschaft der Dichte eines Fluids, nur vom Druck abzuhängen. In Bezug auf küstennahe Fragestellungen wird im barotropen Fall also angenommen, dass die Dichte des Wassers nur vom Druck abhängt. Temperatur- oder Salzgehaltsunterschiede spielen dann keine Rolle. Strömungen entstehen allein durch Unterschiede im Wasserspiegel.

---

[1] Die nachfolgenden Definitionen orientieren sich an den Definitionen der Bundesanstalt für Wasserbau (BAW), die unter https://wiki.baw.de/de/index.php?title=Hauptseite frei zur Verfügung gestellt werden, sowie der DIN4049-3.

Bathymetrie Erfassung und Darstellung von Wassertiefen, vergleichbar mit der Topografie an Land. Bathymetrische Karten zeigen die Form und Struktur des Meeresbodens und sind essenziell für Modellierungen in der Ozeanografie und Tidedynamik. Bei der Bathymetrie sind Tiefen positiv und Höhen negativ definiert.

Buhne Ist ein meist rechtwinklig zum Ufer ins Wasser gebautes Bauwerk, das Strömungen lenkt, Ufer schützt und die Versandung der Fahrrinne verhindert. Buhnen werden häufig aus Holz, Wasserbausteinen, Beton oder Stahl hergestellt.

Corioliskraft Durch die Erdrotation entstehende Schein- oder Trägheitskraft. Sie wirkt auf der Nordhalbkugel nach rechts, auf der Südhalbkugel nach links vom Äquator in Richtung Pol betrachtet. Die Corioliskraft ist am Äquator Null und nimmt zu den Polen hin zu. Sie ist ein wichtiger Einflussfaktor auf den Drehsinn von großräumigen Wetter- und Tidesystemen.

Dissipation Umwandlung von Energie innerhalb eines physikalischen Systems, bei der beispielsweise durch Reibung Bewegungsenergie (kinetische Energie) in Wärme (thermische Energie) übergeht. In der Tidedynamik. beschreibt Dissipation die Abschwächung bzw. den Transfer von Gezeitenenergie durch Bodenreibung, Uferreibung oder innere Verwirbelung. Dissipation wirkt dämpfend auf die Ausbreitung und Amplitude von Gezeitenwellen.

Dynamisches Gleichgewicht (Morphologie) Ein Zustand, bei dem sich langfristig (Jahrzehnte bis Jahrhunderte) Erosions- und Sedimentationsprozesse ausgleichen, sodass die Morphologie weitgehend stabil bleibt. Ein System befindet sich im dynamischen Gleichgewicht, wenn die Bilanz aus Sedimentimport und -export auf langen Zeitskalen etwa Null entspricht.

Ebbdelta Sedimentkörper, der sich vor Flussmündungen oder zwischen Inseln im Watt bildet. Entsteht durch auslaufendes Wasser bei Ebbe.

Ebbe Phase des Tidenzyklus zwischen Tidehoch- und Tideniedrigwasser, während das Wasser abfließt und der Wasserstand sinkt.

Ebbdauer Ist die Zeitspanne zwischen dem höchsten Wasserstand (Tidehochwasser) und dem darauffolgenden niedrigsten Wasserstand (Tideniedrigwasser). Sie beschreibt, wie lange das Wasser fällt, also wie viel Zeit das Ablaufen des Wassers („Ebbe") benötigt. Die Ebbdauer kann je nach örtlichen Gegebenheiten kürzer oder länger als die Flutdauer sein.

Equilibrium Tide Theory Die Gleichgewichtstheorie der Gezeiten ist ein vereinfachtes Modell zur Erklärung der Entstehung von Gezeiten. Sie beschreibt, wie sich der Wasserspiegel der Ozeane unter der alleinigen Wirkung der Gravitationskräfte von Mond und Sonne sowie der Fliehkraft verformen würde – und zwar in einem idealisierten, reibungsfreien Weltmeer, das die Erde vollständig bedeckt und den antreibenden Kräften unmittelbar folgt.

Euler'sche Tideasymmetrie Unterschiede im zeitlichen Verlauf von Flut und Ebbe, gemessen an einem festen Punkt. Diese Asymmetrie ist besonders relevant für Sedimenttransportanalysen und umfasst die Tidedauerasymmetrie, die Strömungsgeschwindigkeitsasymmetrie und die Stauwasserasymmetrie.

Flachwassertide Gezeitenanteile, die in flachen Küstengewässern durch nichtlineare Wechselwirkungen entstehen. Sie führen dazu, dass das Tidesignal von der einfachen sinusförmigen Kurve abweicht und beispielsweise höhere Tidehochwasser und niedrigere Tideniedrigwasser auftreten können bzw. Flut- und Ebbedauer ungleich werden. Flachwassertiden sind typisch für Küstenmeere und Flussmündungen. Flachwassertiden sind als Partialtiden nicht explizit beobachtbar.

Flut Phase des Tidenzyklus, in der das Wasser einfließt und der Wasserstand steigt zwischen Tideniedrigwasser und Tidehochwasser.

Flutdauer Bezeichnet die Zeitspanne zwischen dem niedrigsten Wasserstand (Tideniedrigwasser) und dem darauffolgenden höchsten Wasserstand (Tidehochwasser). Sie gibt an, wie lange der Wasserstand steigt, also wie viel Zeit die Flut („Auflaufen des Wassers") benötigt. Die Flutdauer ist abhängig von lokalen Gegebenheiten wie Küstenform, Wassertiefe und Strömungsverhältnissen und kann – je nach örtlichen Gegebenheiten – kürzer oder länger als die Ebbedauer sein.

Geomorphologie Ist die Wissenschaft von den Formen und Strukturen der Erdoberfläche sowie den Prozessen, die zu ihrer Entstehung und Veränderung führen. Sie untersucht, wie Landschaften durch natürliche Kräfte wie Wasser, Wind, Eis und tektonische Bewegungen geformt werden und wie sich diese Formen im Laufe der Zeit verändern. In Küstengebieten befasst sich die Geomorphologie insbesondere mit der Entwicklung von Stränden, Dünen, Steilufern und Wattflächen.

Gezeiten (Tiden) Periodisches Steigen und Fallen des Meeresspiegels, primär verursacht durch die Gravitationskräfte von Mond, Erde und Sonne.

Gezeitenkraft Kraftwirkung von Mond und Sonne, die über Gravitationswirkung die Tiden antreiben.

Harmonische Analyse Ist ein mathematisches Verfahren zur Zerlegung periodischer Vorgänge wie der Gezeiten in eine Summe von Einzelwellen mit unterschiedlichen Frequenzen, Amplituden und Phasen (Partialtiden). Grundlage ist die Annahme, dass sich komplexe Zeitverläufe als Überlagerung (Superposition) vieler sinusförmiger Schwingungen darstellen lassen. Durch harmonische Analyse von Messdaten lassen sich die wichtigsten Tidenbestandteile identifizieren und die Gezeiten für künftige Zeitpunkte vorhersagen. Das Verfahren wird häufig zur Auswertung und Prognose von Wasserständen oder anderen regelmäßig auftretenden Naturerscheinungen eingesetzt.

Hydrographie Ist die Wissenschaft und Technik der Vermessung und Beschreibung von Gewässern, insbesondere ihrer Tiefe (Bathymetrie), Strömungsverhältnisse, Gezeiten und anderer physikalischer Eigenschaften. Sie liefert essentielle Daten für die sichere Schifffahrt, die Küstenplanung, den Küstenschutz und wissenschaftliche Untersuchungen mariner Räume.

Intertidal Der intertidale Bereich erstreckt sich zwischen mittlerem Tideniedrigwasser (untere Grenze) und mittlerem Tidehochwasser (obere Grenze) und ist regelmäßig mit jeder Tide überflutet und wieder trockenfallend. Dieser Bereich wird oft auch als „Wechselzone" oder „Watt" bezeichnet.

Klimawandel Bezeichnet die langfristige Veränderung des durchschnittlichen Wetters und der klimatischen Bedingungen auf der Erde, wobei sich der Begriff Klima üblicherweise auf Mittelwerte über 30 Jahre bezieht. Ursachen sind sowohl natürliche Schwankungen als auch menschliche Einflüsse, insbesondere der Ausstoß von Treibhausgasen. Der aktuell vorherrschende Klimawandel äußert sich unter anderem in steigenden Luft- und Wassertemperaturen, häufigeren Extremwetterereignissen und veränderten Niederschlagsmustern und hat weitreichende Auswirkungen auf Meere, Küsten und Ökosysteme. Besonders wichtig im Kontext dieser Arbeit ist der Anstieg des mittleren Meeresspiegels.

Lagrange'sche Tideasymmetrie Holistische Betrachtung der Tideasymmetrie der treibenden Kräfte auf Grundlage des Erosionspotenzials eines Systems. Der Netto-Sedimenttransport erfolgt hierbei immer von hoher zu niedrigem Erosionspotenzial im Kontext der Tideadvektion.

Lahnung Holz- oder Steinbauwerk zur Förderung der Sedimentablagerung im Wattbereich.

Makrotidal Küsten mit einem mittleren Tidenhub von mehr als 4 m.

Median Statistisches Maß, das eine geordnete Datenreihe in zwei gleich große Hälften teilt: 50 % der Werte liegen unterhalb, 50 % oberhalb des Medians. Er ist somit robuster gegenüber Ausreißern als das arithmetische Mittel. Im Gegensatz dazu bezeichnet der arithmetische Mittelwert den Durchschnitt aller Werte und kann stark durch Extremwerte beeinflusst werden.

Mesotidal Küsten mit einem mittleren Tidenhub zwischen 2 und 4 m.

Mikrotidal Küsten mit einem mittleren Tidenhub von weniger als 2 m.

Morphodynamik Dieser Begriff bezeichnet die Entwicklung des Gewässerbetts bzw. von Bodenformen als Konsequenz von Erosion und Deposition ausgelöst durch die treibenden Kräfte von Tide und Seegang.

Nipptide Gezeiten mit astronomisch bedingt geringem Tidehub, wenn Sonne und Mond im rechten Winkel zur Erde stehen.

Nodaltide Bezeichnet eine regelmäßige, langperiodische Schwankung im Gezeitenverlauf, die durch die Veränderung der Mondbahnlage (Mondknoten) entsteht. Sie führt zu einer periodischen Änderung der Tidewasserstände über einen Zyklus von etwa 18,6 Jahren. In dieser Zeit nimmt der Einfluss des Mondes auf die Gezeiten leicht zu oder ab, was sich in langfristigen Schwankungen der Gezeitenhöhen bemerkbar macht.

Partialtiden Partialtiden sind einzelne, rechnerisch voneinander getrennte Bestandteile der Gezeiten, die jeweils bestimmten periodischen Einflüssen wie Mond oder Sonne zugeordnet werden. Sie sind theoretische Konstrukte, das heißt, sie lassen sich nicht direkt beobachten, sondern werden aus Wasserstandsdaten mittels harmonischer Analyse ermittelt. Neben den astronomisch bedingten Partialtiden werden auch Flachwassertiden einbezogen, die durch nichtlineare Effekte wie Reibung in flachen Gewässern entstehen.

Säkularer Trend Ein säkularer Trend bezeichnet eine langfristige, allmähliche Veränderung in einem Messwert oder einer Entwicklung, die sich über Jahrzehnte bis Jahrhunderte erstreckt. In den Geowissenschaften beschreibt der Begriff zum Beispiel den über viele Jahre gemittelten Anstieg des Meeresspiegels oder langfristige Veränderungen von Klima- und Umweltparametern, unabhängig von kurzfristigen Schwankungen oder Zyklen.

Sandbank Ablagerung von Sand oder Kies, die häufig zeitweise aus dem Wasser herausragt. Sandbänke im Küstenbereich wurden auf langen Zeitskalen von Tide und Seegang geformt. Kann Teil der subtidalen und intertidalen Zone sein.

Schelf Flachmeerzone am Rand eines Kontinents, die bis zur Schelfkante reicht. Der Schelf (z. B. der europäische Kontinentalschelf mit der Nordsee) ist ozeanographisch betrachtet flach (typisch: 0–200 m).

Schlick Ansammlung von feinkörnigem Sediment mit hohem Wassergehalt und einem hohen Organik- und manchmal Kalkgehalt, oft in Ästuaren und Wattgebieten mit geringer Seegangsexposition vorhanden.

Schöpfwerk Ein technisches Bauwerk zur aktiven Entwässerung tiefliegender Gebiete, insbesondere bei geschlossenem Sielbetrieb (z. B. bei Sturmflut oder Hochwasser). Schöpfwerke ermöglichen das kontrollierte Auspumpen des Binnenwassers in das Meer oder den Ästuar unabhängig vom Gezeitenstand.

Schubspannung Mechanische Spannung, die parallel zur Oberfläche eines Körpers, wie etwa eines Gewässerbodens, wirkt. In der Hydrodynamik ist die Schubspannung ein zentrales Maß für die Übertragung von kinetischer Energie der Strömung auf den Boden und eine zentrale Größe in Sedimenttransportbetrachtungen. Wird eine kritische Schubspannung überschritten, kann Sediment mobilisiert und transportiert werden. Sie bestimmt somit maßgeblich, ob Erosion, Transport oder Ablagerung stattfindet.

Sediment Boden und Bodenpartikel (beispielsweise Sand, Schlick, Kies), die durch Wasser transportiert und abgelagert werden.

Sedimentmanagement Sedimentmanagement an der Küste umfasst alle Maßnahmen, die den Transport, die Umlagerung und die Stabilität von Sand, Kies und anderen Sedimenten steuern. Ziel ist es, beispielsweise Küstenerosion zu verhindern, Landverluste zu minimieren und die Funktion von Stränden, Dünen und Hafenanlagen zu sichern. Zu den Methoden gehören z. B. Sandaufspülungen, Umlagerungen, der Bau von Küstenschutzanlagen und gezielte Eingriffe in den Sedimenthaushalt.

Siel Durchlassbauwerk im Deich zur Entwässerung des Hinterlands bei Niedrigwasser.

Sperrwerk Querbauwerk in einem Tidefluss oder Ästuar mit Verschlussvorrichtungen zum Absperren bestimmter Tiden, vor allem zum Schutz gegen Sturmfluten. Sperrwerke können geschlossen oder geöffnet werden und sind Teil des Küstenschutzes. Bekannte Sperrwerke der Nordsee befinden sich beispielsweise in der Oosterschelde, am Rhein bei Rotterdam, am Ijsselmeer am Afsluitdijk oder an der Eider.

Springtide Gezeiten mit astronomisch bedingt besonders großem Tidehub, wenn Sonne, Mond und Erde in einer Linie stehen.

Stauwasserasymmetrie (en: Flow Duration Asymmetry, FDA) Asymmetrie in der Dauer niedriger Strömungsgeschwindigkeiten (Stauwasserdauer) nach Flut oder Ebbe – relevant für die Sedimentverlagerung von besonders feinem Sediment.

Strömungsgeschwindigkeitsasymmetrie (en: Flow Velocity Asymmetry, FVA) Asymmetrie der Maximalgeschwindigkeiten von Flut- und Ebbstrom – wichtig für den gerichteten Sedimenttransport und indikativ für den Transport mittlerer und grober Sandfraktionen.

Sturmflut Außergewöhnlich hohes Hochwasser an der Küste, das entsteht, wenn starke Winde – meist in Verbindung mit niedrigem Luftdruck – das Wasser zusätzlich zur normalen Tide an die Küste drücken („Windstau"). Besonders bei Springtide und Sturmflut ist es in der Vergangenheit zu schweren Überschwemmungen und Schäden in Küstenregionen gekommen.

Subtidal Der subtidale Bereich liegt unterhalb des mittleren Tideniedrigwassers und ist nahezu permanent oder permanent vom Meerwasser bedeckt. Je nach Disziplin erstreckt sich das Subtidal bis zur -20 mNHN-Isolinie (Ingenieurwesen) oder bis zum kontinentalen Schelf (Biologie, Ozeanographie). In den Tropen stellen Korallenriffe beispielsweise die Grenze dar.

Supratidal Der supratidale Bereich liegt oberhalb des mittleren Tidehochwassers und wird nur selten, etwa bei besonders hohen Wasserständen oder Sturmfluten, überflutet.

Tidedauer Die Tidedauer ist der Zeitraum zwischen zwei aufeinanderfolgenden Tideniedrigwassern bzw. Tidehochwasserwassern und damit die Summe aus Flut- und Ebbdauer. In der Nordsee beträgt sie meist etwa 12 h 25 min.

Tidedauerasymmetrie (engl. Tidal Duration Asymmetry, TDA) Unterschied in der Dauer von Flut- und Ebbphasen innerhalb eines Tidenzyklus. Indikativ für den residuellen Sedimenttransport von Sand und Schlick.

Tidehochwasser (THW) Höchster Wasserstand im Verlauf einer Tide; Zeitpunkt der maximalen Überflutung.

Tidehub Höhenunterschied zwischen Hoch- und dem Mittelwert des vor- und nachfolgenden Niedrigwassers. Ein Maß für die (doppelte) Amplitude der Gezeiten an einem Ort.

Tideniedrigwasser (TNW) Tiefster Wasserstand innerhalb eines Tidenzyklus; Zeitpunkt der minimalen Überflutung.

Tiderinne Eine natürliche, durch die Tide (Gezeiten) geformte kanalartige Struktur im Wattgebiet oder in Flachwasserzonen an der Küste. Sie dient als Hauptflussweg für das Wasser während Ebbe und Flut und ist meist dauerhaft mit Wasser gefüllt, während das umgebende Watt bei Niedrigwasser trockenfallen kann. Tiderinnen sind wichtige Bestandteile des Wattenmeers und prägen dessen Morphologie.

Tideverlauf Zeitlicher Ablauf von Hoch- und Niedrigwasser sowie der dazwischenliegenden Strömungsphasen.

Tidevolumen Wassermenge, die während eines Tidenzyklus in ein Becken oder Ästuar ein- und ausströmt. Häufig auch als Tideprisma oder Speichervolumen bezeichnet.

Tidewelle Horizontale Bewegung der Gezeiten im offenen Meer, zirkulär um den amphidromischen Punkt.

Topografie Erfassung und Darstellung der Geländeformen an Land, insbesondere von Höhen und Landschaftsstrukturen. Topografische Karten zeigen die Form der Erdoberfläche über dem Meeresspiegel und dienen u. a. der Planung von Infrastruktur, Hochwasserschutz und hydrologischen Modellierungen. Bei der Topografie sind Höhen positiv und Tiefen negativ definiert – analog zur Bathymetrie im Wasserbereich.

Verlandung Zunahme von Landflächen durch Sedimentablagerung; langfristige Veränderung der Küstenlinie.

Watt Bei Ebbe trockenfallender Meeresboden in der Gezeitenzone, typisches Merkmal der Deutschen Bucht. Das Watt ist Bestandteil der intertidalen Zone.

Wellenauflauf Bewegung von Wellen auf den Strand; beeinflusst Erosion und Sedimentverlagerung.

Windstau Anhebung des Wasserstands durch auflandigen Wind, kann Hochwasser verstärken. Hierbei „drückt" Wind über lange Strecken (Fetch) das Wasser in Richtung der vorherrschenden Windrichtung. Es werden langanhaltende und ausreichend starke Winde für einen merkbaren Windstau benötigt.

Stichwortverzeichnis